U0336043

我的最后一本收纳书

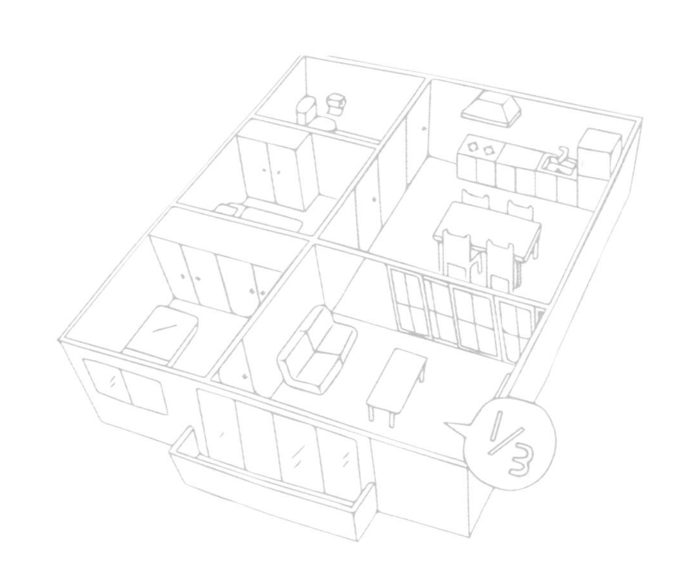

朱俞君 著

云南出版集团
云南人民出版社

图书在版编目（CIP）数据

我的最后一本收纳书 / 朱俞君著. -- 昆明 : 云南人民出版社, 2020.11

ISBN 978-7-222-19559-2

Ⅰ. ①我… Ⅱ. ①朱… Ⅲ. ①家庭生活—基本知识 Ⅳ. ①TS976.3

中国版本图书馆CIP数据核字(2020)第163939号

出 品 人：赵石定
特约编辑：李 晶 李贞玲
责任编辑：王 逍
装帧设计：DarkSlayer
责任校对：任 娜
责任印制：代隆参

我的最后一本收纳书
WO DE ZUIHOU YIBEN SHOUNA SHU
朱俞君 著

出版 云南出版集团 云南人民出版社
发行 云南人民出版社
社址 昆明市环城西路609号
邮编 650034
网址 www.ynpph.com.cn
E-mail ynrms@sina.com
开本 787mm × 1092mm 1/16
印张 13
字数 100千
版次 2020年11月第1版第1次印刷
印刷 三河市天润建兴印务有限公司
书号 ISBN 978-7-222-19559-2
定价 59.00元

如有图书质量及相关问题请与我社联系
审校部电话 : 0871-64164626 印制科电话 : 0871-64191534

前言

多次搬家后，终于搞懂自己需要的空间与生活

结婚之后，每次和朋友见面时，他们通常不是问：“最近好吗？”而是问：“你们最近住哪里？”

会有这样的局面，实在是因为我们搬家的频率太高。短短的四年之内，我们成立了家庭，孩子也出生了，明明应该稳定的生活，不巧却变成游牧人生。说到底这一切都是因我而起。搬家这回事，不只朋友觉得奇怪，就连我先生也感到纳闷，因为他知道在结婚之前，我是可以在一个房子住上五年，安定到不行的人。

通过搬家，寻找为人妻、为人母，以及收纳的首个答案。

我们的第一个家是为结婚而准备的。因为先生喜欢清静的生活，于是我们便将内湖的预售屋换成了北投的行义路住宅，怀着对生活的美好愿景，认定这是要住上十年的家。我身为设计师，用“回家就是度假”的概念，将这座郊区的房子设计成酒店式风格。原以为，我们可以整天窝在家享受“假期”，但没想到，忙碌的我们却把家住成了回来睡一觉就出门的“酒店”。

那时候，我们还不知道自己究竟想要一个怎样的家。很快，我们卖掉了房子，开始了寻找下一个居所，并不断迁徙的生活。

后来，家中多了一名小成员，我们一家三口便住进了另一个将近130平方米的房子。和许多妈妈一样，我替儿子规划出一间儿童房，在定制餐桌和椅子时，也特别考虑到小孩的舒适高度，并开始注意收纳这回事。那时以为，这样应该算是考虑充足了吧！

那个时期，家同时也是我的工作室，每天早上把儿子送到幼儿园后，就是客户来洽谈装修事宜的时刻。既然会有客户来家中，那么家一定不能乱，但我儿子偏偏又爱在客厅玩，老是将抽屉里的东西全翻出来。为此，我发明了一套快速恢复法，以应对随时会按铃的访客。

我在这个房子领悟到，学龄前的孩子即使玩着玩具，也会随时注意父母是否在身边，这是一种安全感的需求。虽然替儿子准备了儿童房，玩具也都在里面，但他却不太领情，这也是妈妈常活动的客、餐厅会成为孩子主要活动区的原因。我开始明白，没有站在使用者角度着想的空间设计，再好的用意都可能白费。

各时期的家

1.

婚后的第一个家

2.

儿子出生后的家

3.

住在有员工的公司里

4.

现在50平方米的家

回香港探亲，明白家的温馨与秩序，不在窝的大小！

我从小在香港长大，小学快毕业才随父母移居台湾。一年多前我带儿子回去探望亲友，其间去了二伯父的家。二伯父厨艺精湛，看到我们来，特别煲了汤并准备了好吃的港式炒米粉让大家享用。

当我到厨房帮忙洗碗时赫然发现，那个只能容得下一人的小厨房，整齐干净到令人讶异。简单地说，几乎已经到了“零杂物”的境界。

走出厨房，再环顾二伯父这33平方米不到的房子，二十年如一日，所有摆设都和我当年的印象相差不远，只是现在这小小的空间被整理得窗明几净。每一次，从热闹的街市走进二伯父高楼层的“鸽子笼”里，一点也不会产生烦杂感，相反会让人油然感到安定。

二伯父从他1.6平方米的厨房像变魔术般端出一道道家常菜款待我们。一家人将折叠桌张开在客厅团聚，我们这些散居各地的亲人，终于找到回家的感觉。

这一趟探亲之旅，实际正逢我又一次搬家的间隙。我租下一楼的工作室，开始有一些员工伙伴，除了办公空间，我留下一个小房间暂居。当时，一方面还没决定自己到底要找什么样的房子，另一方面，也看着房价不断上涨，不知如何是好。

看到二伯父的家，我似乎有了答案，我想像长辈那样简单踏实地生活，不再追求“完美的房子”，而是一个可以安居的家。或许，找一个小面积的空间，来验证我这些年来对收纳的思考，是不错的做法。

很顺利的，我找到了现在这个家——一个只有50平方米，通过舍弃让物品适量，再经过规划成为一个“到位”的家。最重要的，我们一家都非常喜欢这样的空间。

为什么要收纳？

我开始编写这本收纳书，等于也在重新整理这些年的一些生活体悟。我从“独善其身”的设计师，到必须“清除”很多自我，以便“腾出空间”来容纳我身为妻子的角色，随着儿子的出生、成长，我更是必须“重新规划”自己的人生定位。不是只有东西要收纳，人生也是如此。对我来说，收纳并没有标准答案，它是通过了解自己（也能解读家人），在“妥协现状”和“勇于改变”两者之间求取平衡，通过不断调整，终于找到的最合适自己及家人的生活方式。

如果有人问我，为什么要收纳？我会反问：

你是为了明天到访的客人，还是为了拥有更好的生活?!

你是为了应对眼前的焦虑，还是为了改变自己的人生?!

我想，将这些问题扪心自问，答案就会出现。

家需要收纳，生命本身也需要收纳，收纳无所不在。一个和我合作多年的水电师傅，每次一出现都是笑眯眯的，从来不会为了工作上的事情而发怒，一直让我感到很好奇。直到有一天，我看到他的工程车后座，层架上用同一款饮料瓶排列出井然有序的分类收纳罐，一瓶一种器具，无论是小螺丝钉，还是其他小物件，位置固定一目了然。

这下我终于明白了，良好的生活和工作空间的管理能让人情绪稳定。不只大人，小孩也需要学会收纳。这不只是对家里环境的影响，更能影响我们的人生，让人在每次遇到混乱状况时，学会如何重整自己。当然，大人也是，一切都不算晚，此刻学会了收纳，人生也会有好情绪。

感谢：

这本书要感谢原点“热血”的工作室伙伴，我们一致抱着“如果这本书不能对读者有所帮助，就不如不要让它上架”的心态，在克服很多困难之后，对内容进行了调整。感谢我的业主们，这些成功人士，让我可以靠近他们的生活，学习收纳与生活的紧密关系。

当然，最感谢爱我的父母，因为他们做了最好的身教，让我的血液中有追求美与实践的DNA。也要谢谢包容心强大的老公，陪我搬了那么多次家，让我一再实验出答案。还有我心爱的儿子，因为你的到来，开启我生命很多角度，也让我的收纳能力“不得不”倍数增长。

目录 contents

CH1 收纳前你该知道的20件事！

CH2 跟着生命轴前行，收纳设计大不同的6个家庭

CH3 8种空间，这样选柜子，家才能真的收干净！

CH4 设计师私房柜设计大公开

CH1

收纳前你该知道的20件事！

PART 1
收纳好概念 1

东西总是没处摆，是不是柜子越多越好？

跟随人生周期调整，80%法则，战胜“收纳空间不足恐惧症”

你是不是常常觉得现在住的房子太小，望着家里满出来的杂物，心想“要是有个大房子就好了！”或是搬新家要装潢时，第一个念头就是“可以做柜子的地方全部都要做，做越多越好！”如果有以上症状，表示你已经得了“收纳空间不足恐惧症”！

要战胜“收纳空间不足恐惧症”，必须学会活在当下，整理物品时勤分类，换句话说就是管理好现阶段。从空间需求来看，一般人约以10年为一个周期。如果有小孩，家中收纳就得以孩子成长周期划分，例如：出生至小学三年级（9岁）为一周期，10岁至20岁为另一周期，20岁之后孩子大了，也会离开家里，家居生活又回归到单身或两人阶段了。

Point

1

嗜好一直来，80%法则管控你的家

通常我们会因以下状况造成物品的变化与添购：1.转行——穿着打扮的改变造成衣物量的增加。2.生小孩——玩具、参考书的需求造成接受大量赠书或持续购书。3.兴趣转变——某时期对健身、瑜珈感兴趣，之后对烘焙狂热，造成各式器材的购买。建议以柜制量，家中储物柜以80%纳量为上限，多的就要舍弃。

PART 1
收纳好概念 2

怕麻烦的我，如何才能轻松把家收拾好？

舍弃＋分类＋归位＝100分，小空间重舍弃、中大空间重分类

在开始收纳之前，要先知道它是由哪些元素所组成的。收纳这件事必须经过“舍弃、分类、归位”三个步骤来完成，假设三项分数指标加起来的总分为100分，并以轻松归位的10分为基准，另两项分数则可视每个人的个性、习惯、居住空间大小等具体调整，找出最适合的配比。

收纳术的黄金比例

空间类型	空间特质VS.收纳重点	黄金比例
小空间，重舍弃（100平方米以下）	1.空间小，尽量减少物品 2.物品变少，分类就容易 3.分类清楚，归位就轻松	舍弃60分 分类30分 归位10分
中空间，重分类（100～165平方米）	1.空间稍大，物品可多一些 2.物品较多，分类难度大一些 3.就算家庭成员多，各自物品归位也清楚	舍弃40分 分类50分 归位10分
大空间，重分类（165平方米以上）	1.空间够大，物品量多也不怕 2.各区物品要分类才方便拿取 3.分区分类明确，空间大也不会找不到东西	舍弃20分 分类70分 归位10分

Point
1
家要不乱，丢、分、放得做好

舍弃、分类、归位，三者环环相扣，做到轻松归位，生活就舒适便利，不必时常耗时整理。

舍弃

分类

归位

PART 1
收纳好概念 3

老是忘记东西摆在哪，一找就大乱！

常态、备用、珍藏，物件摆放三分法好收不易乱

不是同一类物品全收在同一个地方就是好的收纳，同一类物品应该要再以取用次数细分。以碗盘来说，每天使用的那几个是“常态”；亲友来访聚餐，一年中才用几次的归为“备用”；几乎舍不得用，又不想丢的漂亮收藏纪念品，则属于“珍藏”。初步分类后再继续将其分区摆放，以轻松好拿的程度，将柜体分为中、下、上三段，中段放“常态”物品，需要弯腰的下半部放“备用”物品，“珍藏”物品便可收在必须垫高的上层。

Point
1

物品取用次数决定放置高度

以鞋柜为例，分为上中下三段。中段最好拿，摆放最常拿取的外套或是常穿的几双鞋子；下方放备用的非当季鞋或偶尔才穿的登山鞋；最不易拿取的上层则放最少穿的珍藏鞋子，例如一年中只会穿几次去参加宴会婚礼的高跟鞋。

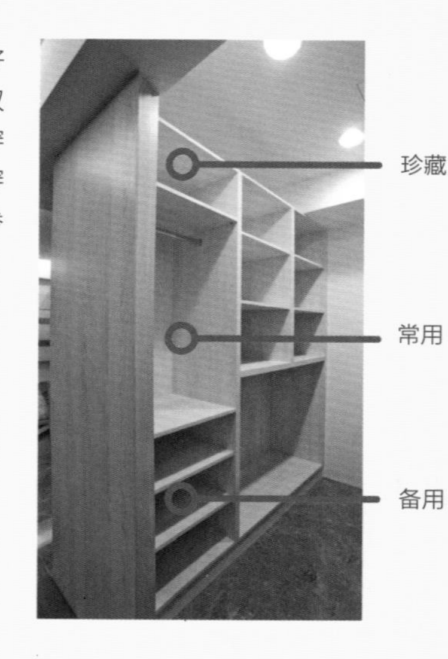

PART 1

收纳好概念

4

孩子是收纳杀手，怎样才能让玩具不乱跑？

从三岁起，教孩子自己收好东西

许多父母都认为孩子还小，东西乱丢是必然的，然而这样的教育方式，其实是会不小心成为扼杀孩子未来的凶手。

收纳需要历经舍弃、分类、归位三阶段，这个过程可以训练孩子的判断力，逻辑思考力和归纳、整合的能力，进而影响孩子安排做事的流程，促进其自我管理素养的养成。

训练孩子学习收纳的第一步，就是先给他一个属于自己的管辖范围——从玩具柜开始。规划一个高度方便孩子拿取收拾的玩具柜，告诉他“这是‘你的’玩具，你要自己收”，借由培养收纳习惯，建立孩子的归属感及责任感，也让他知道“家”是需要大家共同维护的，不仅仅是妈妈或爸爸的。

Point 1

玩具柜要分类 VS. 抽屉不夹手

玩具柜的设计可依照孩子的物品分类规划，最常玩的、体积大的玩具，放在最下层；需要展示但不会常用的物品放在上方层板；游戏卡、画笔以及零散的小物品，则收纳在抽屉，抽屉把手的选用要以不夹手为原则。

Point 2

儿童房衣柜吊杆，规划在下方

要让孩子自己做事，物品得让他们触手可及，身高的考量是首要之务，衣柜规划方面要将吊挂外套的吊杆位置下移，在90～100厘米的高度是较适合的位置。

PART 1
收纳好概念

5

有了新房子即将要搬家，想要一劳永逸地好好收纳？

搬家是最好的归零练习，重新检视物品、学习情感舍离

搬家，是积累收纳经验的好方法，因为平常没时间整理，但要搬家就不得不面对，再加上要打包物品是一件麻烦事，所以这时候是学习“舍弃”的绝佳时机。

在开始“舍弃”之前，要先清楚知道未来空间有多少收纳量，你才会从“舍不得丢”的内心障碍跳脱到“非丢不可”的现实。舍弃过程不是乱丢一通，而是利用这个机会检视哪些物品要留、哪些物品该丢，同时，通过处理杂物进行自我生活的归零体检。

“舍弃”可以从“送出”开始。除了保留生活用品和一些可以继续使用的物品外，其余属居家非必要的物品，例如一些纪念品、书籍、杂志、衣物、寝具等，则要趁机整理出清，状况还不错的先送人或捐出去，剩下旧的则淘汰，减少搬进新家的物品数量。

完成“舍弃”之后，还要进行“分类”，最简单明了的是以所属空间划分。属于厨房的东西，包括锅碗瓢盆调味料就归成同一大类，餐厅、卧室等空间以此类推。必须了解造成居家收纳问题的“爆炸物”是哪些（通常是衣物和玩具），再进行收纳设计规划；不同于传统柜子只作为填塞物品的容器，如今柜子设置是隐藏或开放、是否做层板或抽屉等细节至关重要，因为在居家收纳中好拿好收才是一劳永逸的关键。

Point

1

搬家前，计算一下你的物品数量

如果你已请来设计师，别急着打包，先让设计师了解你的原有生活形态，等规划好适合的图面，你也才能知道要丢些什么，最后再分类打包。此外，计算一下家中的物品数量，规划新空间会更有概念。

物件	数量	尺寸（单个计）
玄关		
爸爸鞋子	______双	______厘米
妈妈鞋子	______双	______厘米
儿童鞋	______双	______厘米
鞋子清洁品	______项	
自行车	______辆	
婴儿车（是／否）	______台	
客厅		
电视（座式／壁挂）	______台	______寸
视听设备	______台	______厘米
投影仪	______台	
音响	______个	______厘米
光盘（CD ／ DVD）	______片	
游戏主机	______台	
特殊收藏	______个	______厘米
餐厅		
电视（座式／壁挂）	______台	______寸
饮水设备（热水壶、滤水器）	______台	______厘米
酒柜（是／否）	______个	______厘米
CAFÉ 器具（意式咖啡机／虹吸壶／磨豆机）	______座	______升
展示杯子	______只	______厘米
展示盘子	______枚	______厘米
花器	______个	
厨房		
冰箱（单门／双门）	______台	______升
微波炉（是／否）	______台	______升
烤箱（是／否）	______台	______升
面包机（是／否）	______台	
空气炸锅（是／否）	______台	
调理机（是／否）	______台	______升
烘碗机（独立式／嵌入式）	______台	______升
洗碗机（是／否）	______台	______升
餐具（杯、碗、盘）	______只	______厘米
锅具（炒锅／平底锅／汤锅）	______只	
搅面机（是／否）	______台	
常用酱料香料	______瓶	
其他特殊料理或烘焙器具	______台	
书房		
防潮箱（是／否）	______个	______厘米
书籍	笔记本______本 普通开本______本 杂志______本 特殊开本______本	

物件	数量	尺寸（单个计）
电脑设备类型（笔记本／台式机／一体机）	______台	
打印机（是／否）	______台	
3C产品及充电器	______台	
浴厕		
沐浴用品	______瓶	
保养品	______瓶	
毛巾	______条	
书报架（是／否）	______个	
美发（容）设备	______个	
卧室		
衣物	长吊挂衣物______件 短吊挂衣物______件 折叠衣物______件 其他衣物______件	
配件	皮带_____条 珠宝_____件 手表_____只 太阳眼镜_____件 帽子_____顶	
包（公事／包皮／书包）	______个	
瓶罐（化妆品／保养品）	______瓶	
保险箱（是／否）	______个	
小型音响（是／否）	______台	
儿童房（除了卧室要件）		
文具	______样	
玩具	______件	
书籍	______本	
运动用品	______项	
乐器（是／否）	______件	
电脑设备（是／否）	______台	
小型音响（是／否）	______台	
特殊收藏或展示作品	______件	
储藏室		
相册	______本	
工作梯（是／否）	______个	
烫衣板（是／否）	______个	
工具箱（是／否）	______个	
备用棉被	______套	
旅行箱	______个	
大型家电	______台	
赠品、礼品	______个	
圣诞树（是／否）	______棵	
其他	______个	

PART 1
收纳好概念 6

对每天要用的物品，如何将好拿好收变成自然动作？

一日行程，决定家的收纳方式。从进门、起床、料理开始，观察自己的生活轨迹

很多人都有这样的疑惑：为什么明明家里做了很多柜子，东西却还是散乱在外？主要原因就是“不够方便”！现代人生活已经够忙碌了，对麻烦事自然敬谢不敏，所以收纳设计如果不能顺应便利性，无法使人顺手就能完成，绝对会影响“做收纳”的意愿。

一般人大多没有回家后走进房间就将物品放回原位的习惯，因此收纳设计要贴合日常流程，让所有收纳工作都在生活轨迹中依行进路线分区完成。例如：回家后直接将外套和包放进玄关的衣帽柜。如此即可避免外套挂在椅子上、包包丢在沙发上的杂乱无章，这不但可以解决人怕麻烦的问题，还能在不自觉中将物品顺手归位，要找它时也不用翻箱倒柜，在固定区域搜寻就能找到。

依照生活轨迹规划收纳的另一个好处是可防止东西乱放以致过期，像发票可以一进门就丢进玄关抽屉，皮包口袋不仅不会乱糟糟，时间到了也方便兑奖；或是家中最常用的棉棒，东一盒西一盒，老是因为忘记放在哪里而重复采购，若能依照生活习惯，摆放在浴柜或斗柜中，用完再购买，无形中也可省下不必要的开支。

Point

1

妈妈的回家动线——从脱鞋到更衣

将厨房外移，方便每天做饭的妈妈。入门动线对妈妈十分友善：进入家门→脱鞋→把菜放进厨房→到更衣室放外套→到浴室洗手→到餐厅和家人聊天、用餐。

玄关换鞋

厨房放物

衣柜更衣

Point

2

女主人起床动线——从化妆、整装到出门

对于上班族女性，掌握起床动线安排收纳，不会因为匆忙把家弄乱。起床→到浴室刷牙洗脸→打开浴柜抽屉拿化妆用品→站着化好简单的妆→换衣服出门。

起床进浴室

化妆后进更衣室

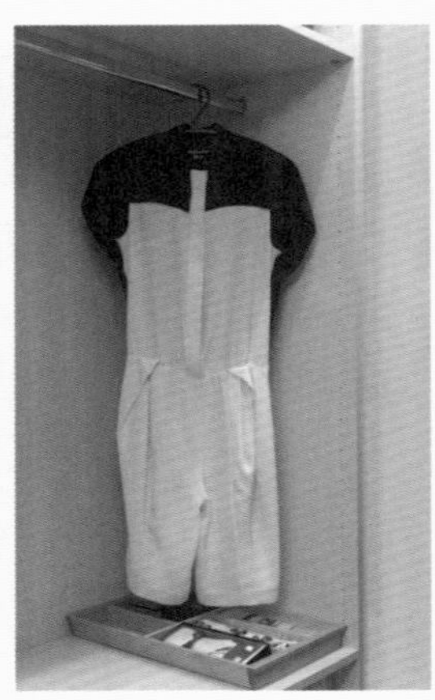

更衣

出门

PART 1
收纳好概念

7

想要让家变得美丽，一定要买很多装饰用品吗?

餐具规格化、食材四季化，用实用物件点缀居家

为了让居家空间更有风格，你是不是有“看到喜欢的家饰品，就想买回家”的症状呢？走到哪、买到哪，东买一点、西买一点的结果就是家里东西越堆越多，本打算用来美化布置的装饰品，最后成了杂物乱源的罪魁祸首，陷入要丢舍不得、要放又没地方摆的困境，造成了左右为难的收纳问题。

其实，这些为了装饰而添购的物品，通通不需要！因为最适用的居家饰品，就是每天要吃的食材和每天会用的餐具，把实用物品当作装饰品，不但不会占用多余空间、不必刻意收纳，还能让美感真正融入居家生活中。

以食材来说，四季不同的水果就是最适合的装饰品。色彩能随季节变换，而且当季水果也最新鲜，对装点空间和人体健康都有好处；以餐具来说，规格统一的款式也是最适合的装饰品，少了大小尺寸不一的问题，摆放起来自然整齐不乱，且堆叠收纳又省空间。

此外，与其另外添购“摆上好看”的物件，还不如在选择家具时一开始就注重设计，像椅子的选择、餐桌的质地、家电选购中的电扇、冰箱等。如此就能将功能与美感完全融合，创造出不同的角落美感，同时也不会多占空间。

Point

1

木制水果篮VS.特色餐具最百搭

要用水果当作装饰品，少不了搭配盛装器皿，挑选一个简单的木制水果篮是最百搭的了。因为它不仅能衬托各式水果的彩度，还能通过搭配特色餐具让家更有生活质地。

Point

2

生活物件、瓶罐都可当装饰

除了水果和餐具，生活中天天会用到、容易被忽略的必需品或实用的物件也都能派上用场。如洗手乳罐、面纸盒、烛台、厨房用具、家电等，都可以成为装饰品。

Point

3

餐具颜色统一好搭，方形餐具比圆形好

餐具规格化还包含了统一颜色，其中以白色和透明款最百搭，当然也可以挑选一两件黑色或其他颜色的餐具，跳色搭配增添丰富感。长形、方形餐具比圆形更适用的原因，是因为圆形餐具即使堆叠，周围还是会产生畸零空间，但长形、方形餐具能与柜子贴齐，完全不浪费空间。

PART 2
设计要诀

8

柜子想要做足量，空间还能一样大？

1/3开放视觉美感、2/3隐藏强大收藏力

一组柜子要如何划分外露和隐藏的比例是大有学问的！以视觉美感来看，分割为三等份有不对称的美感，是最好看的比例；以使用弹性来看，1/3开放、2/3隐藏是最实用的比例，构成“隐藏—开放—隐藏”“隐藏—隐藏—开放”或“开放—隐藏—隐藏”的结构变化，柜型随比例自由调整，适用于鞋柜、衣柜、餐柜等各式柜子。

为什么要采用1/3开放和2/3隐藏的比例呢？其实物品的露与藏，和女生穿衣打扮的道理一样，把漂亮的部位展露在外，有缺点的部分隐藏起来，这样才能为整体美感加分，换句话说，露得少、藏得多才能吸引目光！

你或许会问，全部外露的柜子，可以展示更多收藏；而全部隐藏的柜子，可以遮掩乱糟糟的杂物，不是很好吗？但试想一下，如果柜子全部外露，不但显得杂乱，也会失去焦点及美感，容易积灰尘，更会造成清理上的不易；而如果全部隐藏，则会阻挡视觉上的通透感，收纳整理时也会因无需担心内部被发现造成随手乱丢的情况，更别提顾及外表与风格的搭配性了。

Point

1

柜面适度遮蔽，全开放易生杂乱

将柜子分成三等份，最好的比例展示以1/3外露为原则，但若是物件属性相同，且比较整齐，则可以适度释放2/3作为开放展示，通过滑轨式门板，调整遮蔽区域，但无论如何，都不宜以全开放式为主。

Point

3

局部开放展示，让空间深度不变

预留1/3的开放，可以让人的视觉不会只停留在门板，而是穿透到层架内的墙，在心理与视线的感受上，空间深度与原有的宽阔感仍会保留，不会被柜体的厚度影响。

Point

2

1/3外露原则，破解柜体的沉重与呆板

柜子的规划可以切割成3等份、6等份，但整体仍得以1/3与2/3的配比进行开放式的设计。特别是大型柜子，即使使用白色，也不免出现沉重感或单调感，最好的做法，是取1/3空间，做穿透、开放式设计，让立面可以出现不一样的质地变化。

PART 2
设计要诀

9

怎样消除柜子的厚度，让家不必棱棱角角？

内嵌式空间，杂物消失、柜墙合一

有没有一种设计，能让收纳空间像穿上隐形斗篷一样，兼具功能的同时又不显杂乱？有的！只要将收纳设计“塞”在空间四周内凹处，就能发挥这样的神奇妙用。

在设计规划时，将柜子嵌入空间边角，让小家电、杂物、书籍、衣物、瓶瓶罐罐等全部“藏”进内凹的角落，拿取方便的同时亦能化零为整，保持视觉上的清爽干净，而且因为柜子融入墙面、合为一体，在感觉上也大幅减轻了柜体体积带来的沉重感。

这种内嵌式收纳设计，适合用于哪些空间呢？

面积小的空间	杂乱会让小空间显得更拥挤，将杂物隐藏在视线看不到的地方，能使空间看起来更开阔
拥有很多琐碎物品的家	零散的小东西最需要不被看见，藏进内嵌角落是再适合不过的了
梁柱多的房子	梁柱多会产生零碎空间，设计成内嵌置物区刚好能解决格局问题，增加收纳空间

凹墙设计的施工中，有时得让后方空间后退一些，但未必会减损另一空间的平整，也可以在同一墙体，双面同时存在平面与凹槽，创造出两个空间皆有的内嵌收纳区。如此房主可依预算和喜好采买柜子，轻松置入。

Point

1

墙板包覆设计，创造分格区块

所谓的内嵌设计，不见得都得后退才行，有时运用墙板的两侧包覆，反而会创造出三个内嵌式空间，可让不同柜体分格置入，立面看来更为整齐。这样的手法，运用在厨柜的统整上十分适合。

Point

2

墙体后退，安置柜与设备

装修时，墙体的位置有时并不一定要平平整整才是最好的，如果打算摆放一些边柜，不如考虑局部的墙体后退，嵌入柜体后，空间才不会凹凹凸凸的不平整。此外，在规划电视墙时，不妨考虑后方的集线空间，让音箱也可以延用同一平面的内凹深度，所有设备一次嵌入。

Point

3

畸零梁柱区，环绕空间浑然天成

有的家中会出现由上梁下柱围绕起的一个内嵌空间，例如餐厅侧墙，像这样的角落，恰好可以摆放深度较浅的柜体，不需大动土木，就可以让空间变得很平整，还多了一个收纳区域。

PART 2
设计要诀

10

更衣室、储藏室只有豪宅才可以拥有吗？

只要3平方米，更衣＆储物都能有独立空间

以往家里想要有更衣室和储藏室，可能需要空间够大才能规划。但你知道吗？其实只需要3平方米就能搞定！也就是说，无论空间大小，都可以拥有更衣室或储藏室，且面积不用多，就能大大提升收纳量！你一定很好奇，3平方米那么小的空间，如何能创造出大容纳量？重点就在于“内部”设计。

更衣室	储藏室
掌握系统柜3（30厘米）、6（60厘米）、9（90厘米）的规格化原则，组合出适合的柜子尺寸，可符合空间大小，且省钱省时	门板以隐藏式为主，与墙面融合成一体
动线以中间为过道、两侧双排为设计，可两人同时使用，不互相干扰	以活动式层板为主，方便随收纳物大小调整高度
更衣室通常有门或在卧室内，所以柜子不需再做门板，以吊杆、抽屉为主，方便拿取也省掉门板打开时会占用到空间	100厘米以下处可放行李箱等大物品，100厘米以上可添购收纳箱置物
若是非密闭空间，而是独立的半开放式∩型区域，由于没有进出门板，则必需安装柜门，并清楚分层板区、吊挂区，同时在柜门内侧安装整衣镜	如果没有衣帽柜，储藏间可隔出一些空间添置吊衣杆或雨伞架，收纳穿过的外套、雨伞、安全帽等

Point

1

更衣室，上吊挂、下抽屉最适用

将需要吊挂的衣物规划在上层，下层抽屉可放折叠好的衣物，若是层架为主，也可搭配活动抽屉，分类取用十分方便；至于上下采用吊杆，衣柜高度的划分要依照衣物类型规划，上层吊挂长大衣，高度需要多一点，下层裤架吊挂对折的长裤，高度不需要那么多，组合起来刚刚好。（下图/无印良品）

Point

2

储藏室，层架上下挪移最具弹性

以家中的小空间来打造储藏室，在空间的规划上主要以层架为主，层架采活动式，随着物品的尺寸大小而挪移。在规划时，可特别让下方空间挑高，以便摆放吸尘器、行李箱等较高物件。

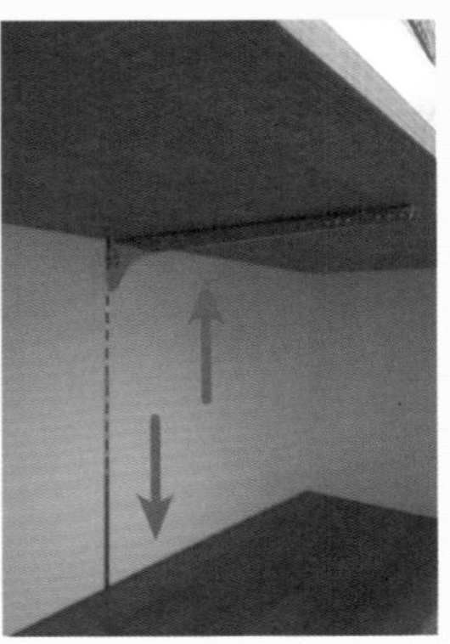

Point

3

顶上空间，收藏大型物品

更衣室上方可以不做到顶，由于深度为45 ~ 60厘米，可平稳地置放如换季被子、行李箱等平日不常用的大型物品。

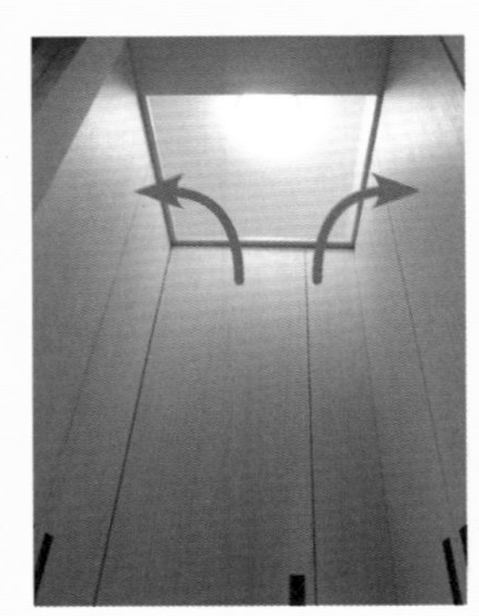

PART 2
设计要诀

11

家中电线乱糟糟，怎么规划才会好？

插座先卡位，让电线乖乖藏好

居家生活会使用到各式各样的家电，电线当然也就特别多。以空间来看，客厅和书房是线路最多的区域，因为有电视、灯具、电脑、传真机、打印机、网线等聚集在此。如果任由线路裸露在外，不但看起来凌乱，而且行走时不小心就会被绊倒，造成居家安全上的不便，因此线路隐藏也是收纳设计中重要的一环。

除了线路的设计，插座的位置设定错误也是另一个引发电线杂乱的原因。总的来说，插座的位置不宜设在活动频繁区域，例如房间门口，因为这不仅影响行进，也破坏美感。因此不妨将插座选择设在墙角处，方便除湿机、电风扇、扫地机器人的用电需要。另一种嵌入地面的弹跳插座，最宜规划在餐桌、书桌下方，距离桌面内缘约40厘米处为佳，日后若要换小一点的桌子也不怕外露，照样能藏得好好的。

至于厨房或餐柜的插座规划，应事先考虑好各式用电设备的所在位置，就近用电，但要特别注意，流理台插座不宜紧靠台面，避免浸水；同样，家中若使用免治马桶，一旁的插座也应做好防水设计。此外，插座开关在视觉规划上要特别注意，有时，浴室门改为暗门，旁边壁面也会跟着设计成造型墙，这时灯的开关必须移至浴室内才能保持美观。

Point

1

书桌下、桌面皆可隐藏线路

书桌的线路有两种收纳方式，线路非常多时可在桌下设计门板收纳柜，一般线路则可在桌面设计出线槽隐藏。预先替电脑等相关设备准备好，避免届时线路乱跑。

Point

2

弹跳插座设在桌缘下方，临时性插座设在墙转角

弹跳插座不建议嵌入在餐桌正下方的位置，因为如果是圆桌，插座可能会被中间的桌脚压住而无法使用，所以留在桌缘下方是最保险的位置。此外，客厅空间里，提供一般清理、除湿家用电器的插座，离地高度约为20厘米较适合，并尽可能设在转角处。

Point

3

厨房电器多，预留插座就定位

厨房是各式小家电汇集地，从较大型的如冰箱、烘碗机，或是电热水瓶、净水器等，建议列出清单，确定共有哪些设备，以免届时使用延长线造成不便，或是产生负载功率过大的危险。此外，接近用水区的插座，应距离台面至少10厘米的高度，防止积水触电。

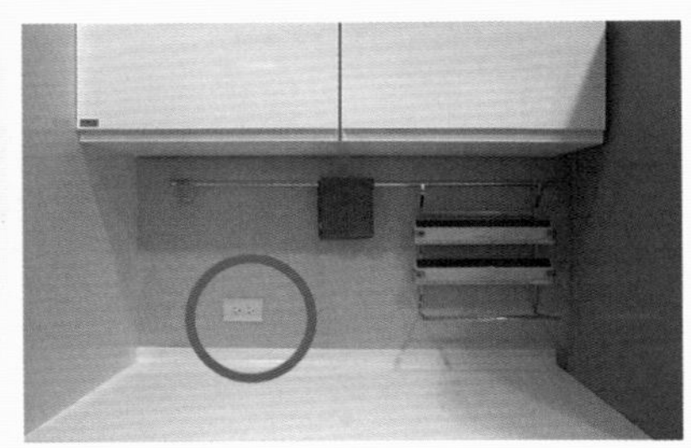

Point

4

自行加工，柜与插座的便利结合

有时家中会遇到插座正好被家具或柜子遮挡，为了让该角落运用得当，可以自行在柜侧边缘DIY，如此一来，不必再从远端拉线，可以就近使用。

PART 2
设计要诀

12

想让柜子收物好用，视觉美感也能兼顾？

柜内分隔、外观深浅、门板数量都是关键

打开柜子，里面的杂物塞得乱七八糟；关上柜门放眼望去，尺寸不一、颜色不一的柜子让家看上去杂乱无章。到底怎么做，才能让收纳达到内外皆美呢？

以内部来说，可采用“柜内分隔设计”，若采用系统柜，可先依照收纳物品的性质决定使用层板或抽屉；若是现成家具柜，由于层板固定不能调整，因此可利用透明抽屉等小配件弥补现成柜的不足。此外，柜子不只要符合收纳习惯，还必须搭配空间，包含风格、色彩等，透过细致的细节，才能提升视觉美感，落实生活美学。

Point
1
层板分隔，尺寸深浅影响大

以玄关鞋柜为例，上为抽屉，下为层板，上下切割出不同的置物类别，即便是下方置鞋处，也另以门板分隔成两区，右侧可调层板放置雨具、包或是靴子。（图片/无印良品）

Point
2
门板比例、深浅柜色效果各异

柜门或抽屉的分割，依单双数有平衡或随兴的不同变化。此外，浅色门板能减少厚重感，也能融于墙面中。深色柜有着低调、稳重的质感。

PART 3
柜子的知识

13

不想家中都是柜子，又怕东西没地方收怎么办？

桌、椅、床，美美的家具也可以收纳

不喜欢家中因置放太多柜子而带有压迫感，或预算有限无法做装修，面对还有很多四处散落的物件，如何收纳总是一件让人伤透脑筋的事情。其实，家中必备的桌、椅，甚至是床，都可以在采购时多给些关注，如餐桌椅可选用下方为箱型的款式；客厅空间，则可以在沙发下方做镂空式收纳，或在抽屉的边儿上着力。针对空间较小的住宅，茶几也可以采用高低不同的二件、三件式，使用时摊开成为长桌面，不用时则叠放，置于沙发旁当作小边桌。以上都是通过家具的协助创造更多收纳与空间的方式。

Point

1

床下3平方米收纳，等于一座直立小衣柜

卧室收纳的加强版，落脚在床架的收物功能上，上掀床或是深抽床架，提供了实用的辅助。不只是侧边可以做抽屉，床垫下方也可置物，甚至连床脚下方也是个迷你收物区。（图片/无印良品）

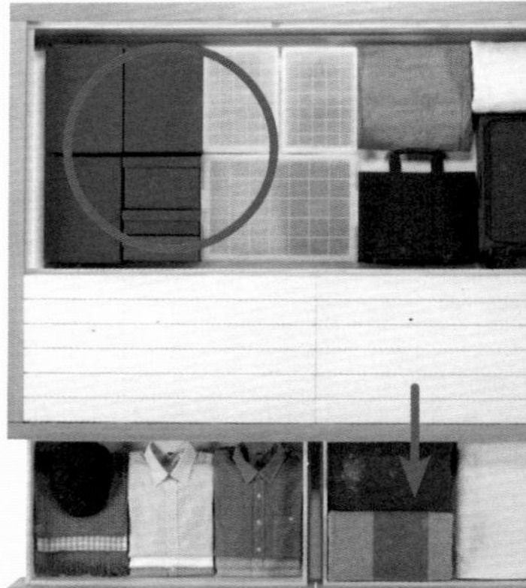

PART 3
柜子的知识

14

柜子大又多，东西仍然堆在外面！

先确认“要收什么”，再决定柜子的型式

很多人在装修时，最常讲的一句话就是：“我东西很多，柜子越大越多越好！”可是，家里做了很多大柜子，杂物就会不见吗？其实不然，否则也不会老是听到有人抱怨着“为什么柜子再多都不够用”了。

为什么柜子会不够用？答案是“不好用”。这不好用的原因就出在“不知道该放什么”，因为不了解收纳物品的性质，柜子无法依照物品量身打造，使用者不能判断收纳物品是需要层板还是抽屉，甚至就连抽屉的深浅都是收得好不好的关键所在。不了解其中的差异，柜子不符合需求，东西自然就散乱在外了。所以先清楚知道柜子里要放什么之后再去精准规划，其结果就是家里真的不需要很多大柜子。

除了柜子本身是否好用之外，不同形式的柜子用在不同空间，也会影响方便指数，例如：更衣室适用高柜，让收纳功能完全展现，但卧房不宜全都采用高柜，否则会产生压迫感，让人感到不舒服。

柜子多，到底有什么缺点？最现实的问题就是柜子做得越多，花费越高，而且每多一个柜子，家人的活动空间就会减少一些。适量的柜子和好用的收纳规划，往往会将需要安装的柜量大大减少，聪明的房主是不会在这房价飙涨的时代，用10年都可能用不到的物品去占用几万一平方米的空间。

Point

1

零食与干货柜，满足以食为天的家庭

对于习惯存放大量零食与干货的家庭，建议在餐厨柜区设置零食柜。一般来说，可以选择宽30厘米的薄型拉轨零食柜，需求量大的，也可选用门板式，采多功能、并可旋转的柜内五金作为零食柜，从柜内到门板内侧都可充分利用。柜内五金的尺寸选用，依需求分为宽30厘米、40厘米，或将2个40厘米的柜子做加大整合。（场地/昌庭）

Point

2

文具放浅抽，资料放深抽

对于文件和文具较多的工作室、书房，井然有序地分区置物，会让工作和学习更有效率。层板和抽屉是储物柜的必备设计，抽屉除了不能太浅之外，高度也要有讲究，25厘米的深抽放资料、15厘米的浅抽放文具，所有物品都能被收好。

Point

3

书柜要好用，先确认书的尺寸、数量

书的尺寸、数量计算，关系到书柜的内部设计，以及在置放时是否尽可能多地释放出层架。通常教科书高约30 ~ 32厘米，层架高度得预留33厘米，数量不必太多；常见书籍高约21 ~ 23厘米，层架高度得预留25厘米；其他就是小字典、碟片，预留15厘米高度即可。此外，书柜层板的跨距以60厘米为最佳，否则太长板材容易下凹，书如果放不满也会东倒西歪，造成视觉上的杂乱。（场地/百慕达家具）

PART 3

柜子的知识

15

高柜好，还是半高柜好？选柜让人很烦恼！

高柜主打备用储物、矮柜摆放随取小物，生活物品井然有序

每种柜子都有它的优缺点，只要找到合适的用法，不但优点会加分、缺点也能变优点！现在就从最常见的高柜和矮柜来比一比。

矮柜的特色是分类清楚，通常以抽屉为主，拉开便一目了然，是属于即用品、零碎小物放取区，如药物、眼镜、小文具等。这类柜体运用在空间上相对没有压迫感。

至于高柜，则大多用在玄关、卧室与更衣室，特色在于收纳量大，最好是“顶天立地”型，不仅能将空间完全利用，而且也不会导致柜顶灰尘的堆积。不过高柜的上方取物不易，因此在规划时就得将收纳分成上下两区来处理，好用的高柜，如衣柜，通常可以在210 ~ 300厘米处放置平日不太使用的换季衣物、寝具及珍藏品；而210厘米以下则主要置放常用物品，像当季鞋子、衣物等，取用方便。

“顶天立地”柜、半高柜比一比

柜型	高柜	半高矮柜
尺寸	高度约300厘米	高度在90 ~ 120厘米
优点	空间100%利用，储物量大 柜子和天花板无缝隙，不怕柜顶积灰尘	取物方便、高度适中，无压迫感 以抽屉形式为主，可分类置物
缺点	太高的地方不好取物	柜子上方及壁面空间浪费

Point

1

高柜＋矮柜，满足收纳与空间平衡

柜子不是越大越好用，以主卧来说，若两面都做高大的衣柜，空间会显得压迫，不如选择高柜搭配矮柜的方式，满足收纳的同时建立空间感。高柜内部要有意识的从上而下，分为收藏、常用、备用三大区。

Point

2

折中柜设计，现成半高柜＋木作补足

现成家具柜因为搬运时考虑到要进电梯，高度通常都在210厘米以下，无法达到“顶天立地”，这时可利用木作或系统柜在上方空隙加做柜子来补足。

Point

3

半高矮柜，专收零碎小物

半高矮柜通常置放在单一空间中作为辅助性收纳空间而存在，以抽屉型式为主，置放随手取用的小物，不同的半高柜在抽屉深浅、抽屉分隔和数量方面有所差异，选购时得先设定有哪些物件会归位在此。此外，矮柜上方平台亦可成为摆饰空间，如放置镜台、电话等实用物件。

PART 3
柜子的知识 16

层板好，还是抽屉好？什么才是最佳选择？

抽屉柜最百搭，老人、小孩都适用

柜子的种类繁多，挑选时很容易陷入不知从何选起的困境，如果想破头都不知道要选哪种柜子才好，那就选抽屉柜吧！因为居家空间中的琐碎物品很多，而抽屉柜就是最适合用来收纳这些东西的柜型。

以空间来看，厨房的锅具和调味品、餐厅里的餐具、书房里的文具，以及卧室和更衣室里的折叠衣物、儿童房的画笔、图画纸、作品等，这些体积不算大的物件都需要用抽屉来进行收放，收纳量比层架更多。

无论男女老幼，都会有属于自己的零散物品，抽屉柜不但能协助分类，而且由于高度多在120厘米以下，拿取时十分方便，降低了扭伤、跌倒的危险性，可说是人见人爱的百搭柜型。

不同年龄层，适用的柜子高度

族群／条件	一般成人	老年人	儿童（3～7岁）
身体条件	身体健康，可蹲低、可爬高	无法蹲低、不能爬高	碍于身高，可蹲低但爬高比较危险
抽屉高度	适用0～120厘米	适用50～100厘米（身体微弯就能取物）	适用0～75厘米
层板高度	适用120～210厘米	适用100～150厘米	适用75～120厘米

Point

1

老人VS.抽屉柜，不低于50厘米最顺手

对老人而言，抽屉优于层板，因抽屉取物、放物、寻物功能较强。针对老人的需求，只要平日使用的抽屉层不低于50厘米都不会太吃力。对接近地面需要弯腰蹲下的抽屉，可以用来存放不常用的备份物件，取用时请家人协助即可。

Point

2

厨房台面下，抽屉收纳优于层板

厨房要收纳得好，大量的抽屉柜是不可少的。一般流理台、料理台面下方，由于视线角度的限制，无论是餐具、锅具，甚至是回收桶取用和归位，拉抽式的规划设计，只需要低头就可以一览无遗，相较于传统流理台下方采用层架规划，不必蹲下，也不必费力翻找，便利许多。（场地/昌庭）

Point

3

抽屉做厚薄深浅搭配，不浪费空间

有时，过深的抽屉即便底层摆满东西，上方仍有很大的空间，这时，不妨将同区抽屉柜做出厚薄深浅不同规划。一般抽屉高度为25厘米，但并不一定个个尺寸相同。像用餐区习惯使用餐垫、纸巾等较平面堆叠的用品，可规划为高度20厘米左右。若有高、厚的物品则可以规划30厘米左右的抽屉收放。

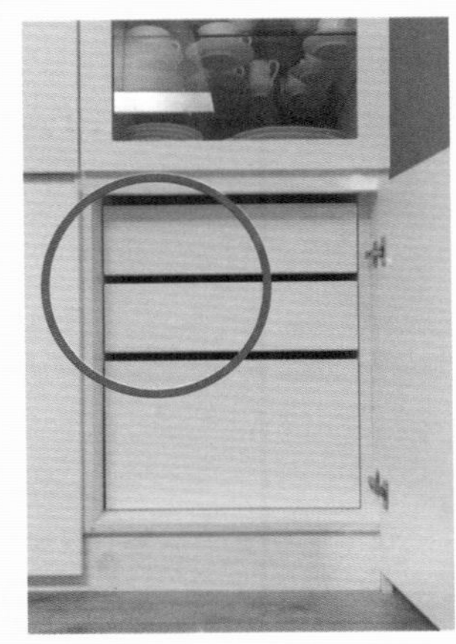

PART 3
柜子的知识

17

鞋子太多装不下，鞋柜老是大爆炸！

鞋子要分常穿、不常穿收放，分类分区才好用

家里最常见的"爆炸物"排行榜，鞋子肯定位列前三名！先撇去无法控制的购买欲，鞋子容易成为"爆炸物"的原因有哪些呢？

种类太多	皮鞋、球鞋、休闲鞋、凉鞋，再加上女生的高跟鞋、长靴、短靴等，无法统一规格、整齐收纳
尺寸不一	男鞋、女鞋、童鞋的大小不一，需要的收纳空间、深度、高度不同，同一个柜子较难满足所有需求
用途不同	除了常穿的鞋子之外，还会有特别场合穿的鞋子，有些人的鞋子甚至是收藏品，不能全部混在一起放

找出问题所在之后，就不怕想不出办法解决！"分类"是让鞋子不再爆炸的最佳解决方案，不但收纳方便，拿取时也好找到要穿的鞋子。

依空间分	小空间在鞋柜内分层放，较大空间分区规划衣帽间
依频率分	常穿的鞋子放在玄关矮柜，不常穿的放在其他高柜
依季节分	当季鞋子放在鞋柜，其他鞋子先收进储藏室，每季更换

在鞋柜的规划上，若为隐藏式，鞋柜的门以对开最适合，横拉门反而会挡住收纳动线，使鞋子不好收放；门板也不宜太大，以免开门时人需要后退，浪费过多回转空间。

Point

1

善用鞋盒，常穿、备用清楚划分

有人认为鞋盒占空间，但其实它们也有助收纳。将不常穿的鞋收进鞋盒，将常穿的摆放在鞋盒上面，利于拿取的同时又达到双层收纳功能。若是高柜，在柜子最上方可摆放换季鞋。

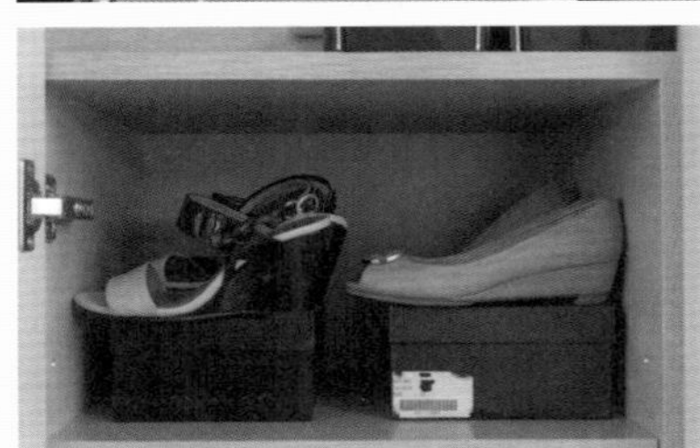

Point

2

活动鞋柜层板，弹性空间运用

因为鞋子会因人和鞋型，有大小、高低的不同，所以柜内层板必须采用活动式，才能因应鞋子的种类进行调整。此外，若是上柜想作为衣帽柜，深度约60厘米，下柜也可采取滑轨式层板，前后都可以放鞋，增加收纳量，也方便拿取。

Point

3

更衣室收鞋法，衣柜下方也能收

家中更衣室的衣柜下方，在选购定制时，不妨预留出最下方的空间，收藏平日较少穿的鞋子，通过摆放与排列，即使鞋盒外露也有整齐感，同时也好寻找想穿的鞋子。（场地/昌庭）

PART 3
柜子的知识

18

衣柜看起来都一样，哪种才最适合我？

衣柜内部设计，依习惯折法、衣服类型规划

不要觉得衣柜都差不多，实际上，选对衣柜可以让你轻松换装，选错衣柜会让你翻天覆地也出不了门。衣柜的重点在内部的吊挂、浅抽、深抽和层板上。市场上可供选择的内部配置种类繁多，如何才能找到适合自己的衣柜？首先需要检视衣物类型，是适合折叠的多，还是需要吊挂的多？这决定柜内要以吊挂还是以抽屉为主。分布配置并没有一定的比例可循，完全视衣物性质及习惯调配，比如有人习惯将棉质衣物全都挂起来。

如果你是穿着偏向休闲、运动型的自由职业者，从事设计或身为学生，衣物通常以不怕皱的柔软棉质为多，就较适合上方吊挂、下方多抽屉的衣柜。

如果你是专业人士、主管、上班族、业务员等，平时必须穿西装、打领带或穿套装、小洋装，则比较适合上下皆是吊杆空间的衣柜。西装裤多的话，下方一部分空间可装裤架，但要注意自己是否习惯用裤架，否则裤架下方只会被用来塞衣服，反倒成了障碍物。

假如你是毛衣、牛仔裤或包的狂热者，就比较适合用层板收纳，因为这类衣物有厚度重量，不好吊挂，且一下就占满抽屉。

所以，要让柜内配置符合衣物性质。很多人的衣柜都犯了削足适履的错误，明明衬衫多，却使用多抽屉的衣柜，挂不下只好塞抽屉，选衣穿衣变得非常麻烦。

Point

1

自由业人士——折叠为主

上方吊挂一些基本外套、易皱的衣物，下方以收纳折叠衣物的抽屉或拉篮为主。抽屉要有深浅抽以放置不同厚度衣物，不过也有人喜欢一目了然的拉篮，但最好设在有门板的衣柜内以免视觉凌乱。拉篮的缺点是不适合放小衣物，周围会产生空余空间，不如抽屉收纳量来得扎实。

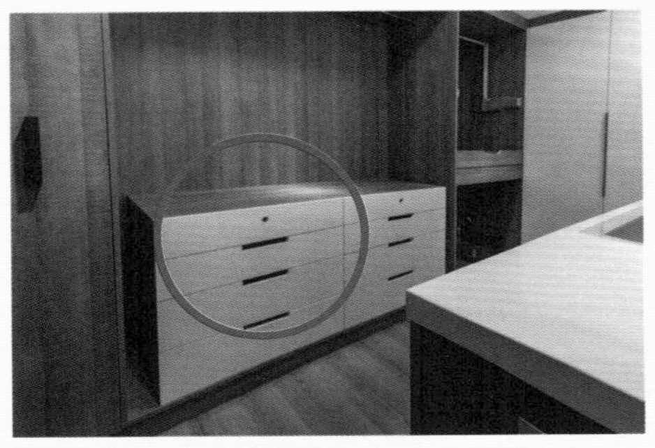

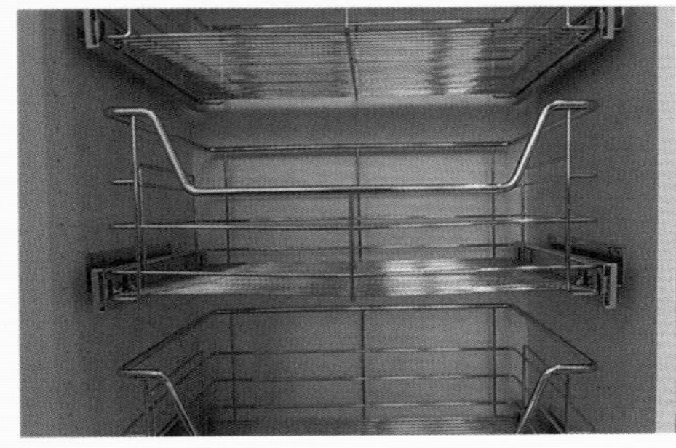

Point

2

业务型人士——吊挂为主

上下皆以吊挂为主，下方适量设抽屉或拉篮，如果西装裤或裙子多，可以考虑做裤架、裙架。在上下吊挂间做薄抽屉，用来放领带等小物。女生若有小洋装，则可留一格高140厘米、宽60厘米的区域，因为洋装数量通常不会太多，可和长大衣挂在一起，洋装长约110厘米，下方空间还能放置折叠衣物。

Point

3

包也是要角——层板为主

除了吊杆和抽屉，层板是收纳有厚度物件的好帮手，例如毛衣、牛仔裤，尤其是包包。硬挺的包包不能挤压，层板是首选，小型或软包包则可以利用转盘收纳，或是里面塞填充物放在层板上。

PART 3
柜子的知识

19

柜与墙间的小窄缝，如何用来做收纳？

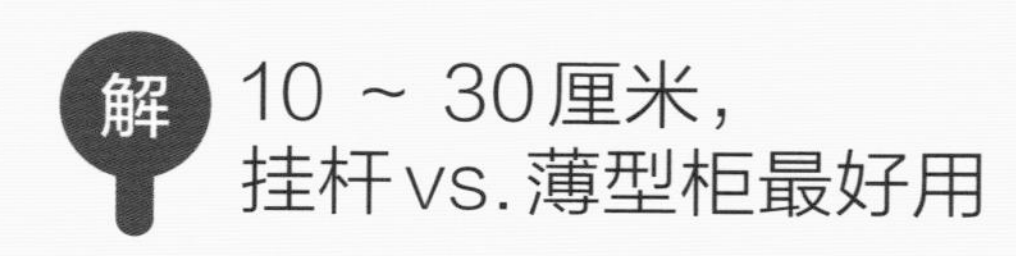

在寸土寸金的高房价时代，居家空间不允许有闲置，哪怕只有10厘米，也要想办法好好利用！一般情况下，如果遇到柜子与柜子之间，或柜子与墙壁之间，有10 ~ 30厘米的尴尬“缝隙”，最常使用的解决方法就是直接填补起来，这样做虽然粉饰了表面的空洞，却也令人产生“白白浪费了使用空间”的感觉，其实这么狭窄细长的空隙，如果将具备收纳功能的薄型柜安置于此，才是最好的设计手法。

一般来说，薄型空间最常出现在厨房、洗衣间、衣柜等处，通过不同的辅助柜和挂杆挂钩，并依宽度大小搭配不同的收纳物品，如：

10厘米	加装挂杆，置放毛巾、抹布
20厘米	加装篮架，摆放酱料瓶、清洁用品
30厘米	加装拉抽，摆放食品零食，或添购现成塑料抽屉，收纳袜子等小型衣物

针对较狭长的空间，如旧式公寓的后阳台，若宽度低于100厘米，摆放垃圾桶或是分类回收桶，往往会占用40厘米的位置，导致动线受阻，此时其功能就不比薄型柜。针对较窄的玄关区，若仍希望有收纳功能，选用深度30厘米以下的薄型柜贴着墙面摆放壁挂，就可让过道区减少压迫感，在视觉上也十分整齐。

Point

1

10厘米壁挂式设计，夹缝中好生存

在家具与柜子或壁面与柜子之间，若有低于10厘米的窄缝，可以使用挂钩做到充分利用，例如创造出吊挂功能，用来摆放面纸盒或其他较薄物件。有时，料理台或厨具侧边的窄缝，也可安装挂杆，作为抹布、擦手布等半隐藏式物品的吊挂区。

Point

2

20厘米，酱料瓶、调味罐，厨房薄柜最好用

规划厨房里的薄型柜，可用来收纳各式调味品，单一酱料瓶的尺寸大小，放在20厘米宽薄型柜中刚刚好，其他小罐调味料则适合置于30厘米宽薄型柜。至于零食干货的拉抽薄型柜，容量大，也是十分好用的厨房收纳帮手。

Point

3

30厘米，衣柜省五金，薄型抽屉更实在

对于预算有限、柜内空间有限的房主，衣柜内在采用简单的吊挂与层板规划后，直接采购活动式薄型抽屉，不占空间还可以省下一笔五金花费，而不同高度的抽屉组合，也更方便各种贴身衣物的分类摆放，即便是较小的书桌下方，也可以使用，不但不会碍脚还能协助文具收纳。

PART 3
柜子的知识

20

收藏是唯一乐趣，断舍离怎么会适合我？

学学博物馆的“轮展”收纳法吧

居家空间除了生活用品之外，因个人嗜好、兴趣搜集而来的收藏品，也是需要被收纳的物品。收纳得好，收藏品能为空间美感加分，收纳得不好，就成了令人头痛的杂物，到底这些带着特殊情感或价值的收藏品，应该怎么收纳才好呢？

有人会说：“我有那么多珍贵的收藏，当然要全部摆出来欣赏啊！”有这样的想法，肯定无法做好收藏品的收纳，因为收藏品并不需要全部摆放展示，一来容易造成视觉上的混乱，二来令人无法聚焦，从而让收藏品失去了装饰价值，家也变得像卖杂货的大卖场，完全突显不出这些珍藏品的珍贵性。

试着学习故宫的“轮展”概念，将收藏品以“换季”的方式收纳管理！首先，规划一个上有展示区，下有门板的柜子，上方可以透明玻璃搭配层板，秀出珍藏品，其他收藏品可收于下方门板柜内，方便随风格、心情、季节等因素轮替更换。如此不但能让每样珍品都有机会亮相，也能趁更替时检视，减少购买重复物品的机会。

如果收藏品种类多但数量不多，可大小尺寸混搭，或与花器、蜡烛一起收纳；若藏量庞大则可独立一柜收纳，呈现量大便是美的美感，也是另一种收藏展示的方式。

Point

1

收藏品可分区展示

收藏品不一定要集中展示，可挑选一些摆放在书柜层板上，与书籍相互搭配，或置于较明显的展示区，适量陈设，会具有画龙点睛的效果。（上图/宜家）

Point

2

展示区高度，适合在120 ~ 200厘米内

选柜子时，可以选择展示与收纳上下区隔的两截式柜子，上方展示欣赏之用，下方储物隐藏之用。展示区的最佳区域应落在120 ~ 200厘米处，这样的高度除了拿取更换方便，也符合视线欣赏范围。（图片/宜家）

Point

3

落地摆放大型收藏，缓冲空间尖角

有时家中会有大型的收藏品，如火炉老件等，不便安置于展示柜中，不妨摆放在空间的转角处，在提升居家美感、解决收纳问题之余，同时缓冲了转角的尖锐感。

CH2

跟着生命轴前行，
收纳设计大不同的 6 个家庭

case

解决车库占屋，拯救同房睡的一家人

从舍弃、分类、归位开始，彻底地做一次吧！

住宅类型：公寓一楼　**面积：**82平方米　**家族成员：**夫妻、两个小孩
空间配置：玄关、餐厅、厨房、书房、主卧、儿童房、卫浴
使用建材：超耐磨地板、白膜玻璃、系统厨具、实木贴皮

空间诊断123

烦

1 **物太多**：家中有三多，书多、玩具多、杂物多。
2 **家太小**：82平方米长形老屋格局，车库几乎占了家的1/3面积。
3 **房太少**：两大两小共挤一个卧室。

1 **丢、送、分、放**：彻底检视需求，将该丢的丢，用不到的转送，只留会用到的物品。
2 **舍弃车库**：车子改停外面，把空间让出来。
3 **厨房前移**：把位于过道的一字型厨房向前移，并与餐厅整合，放大使用范围。

只有82平方米的家，竟有1/3给了车子当车库，一家四口却苦哈哈地挤在同一个房间里！走进屋里，玩具、书本几乎要把家淹没。

这一切，都是当初信誓旦旦地说“不生孩子，不生孩子！”造成的后果。孩子生了不能改，还好房子可以改，于是我们先把车子赶出家门，从头收拾起空间……

Step by step 杂乱屋翻新收纳，这样做

通常，想要重新整顿自己的家，最希望的就是迎接新家之后，收纳的问题一次性解决。不过其实在此之前，我们还得先重新检视一下，平日里不自觉的“坏习惯”。

堆在角落的东西以什么居多，那样东西通常也就无家可归，或是已经多到溢出来了。对于它们，是不是可以减量呢？通过规划出来的标准流程，本案的房主跟着设计师的流程与空间重整、收纳设定，一步步地完成多次舍弃、现场分类，以及事先定位、事后归位。

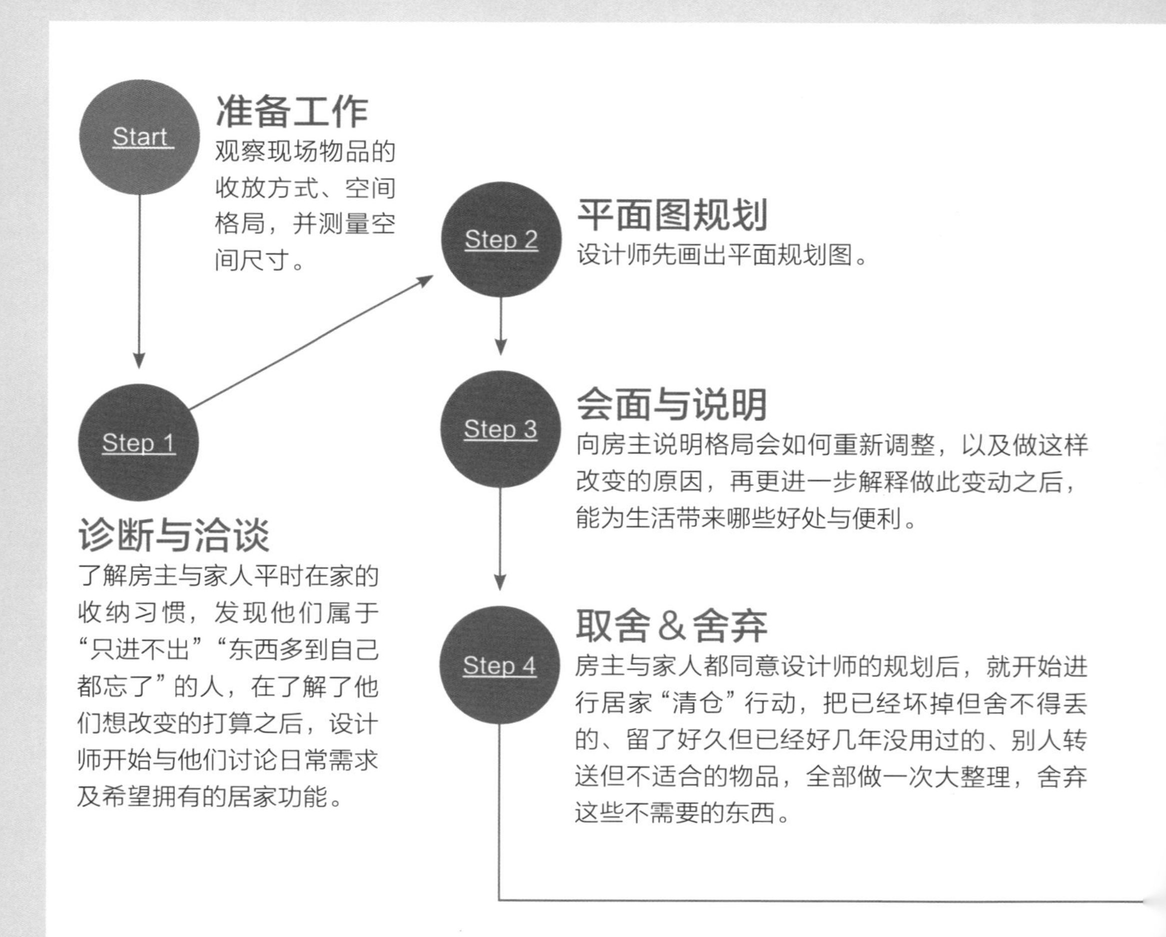

入住！家真的干净了，妈妈有适用的工作室，爸爸有大量藏书的地方，小孩也有了自己的空间。

归位

一切物品都依照平面图的规划顺利归位，各空间的物品都有该放置的位置，每个人的书也都有各自的摆放区域，玩具采取分区收纳的方式归位，利用挂钩、吊杆、收纳盒等随手收拾，养成良好的收纳习惯。

第二次舍弃

房子装修好后，房主将物品摆放进来，发现东西还是超量，于是再做第二次舍弃，找来朋友帮助检视哪些物品其实并不需要，只是舍不得丢而已。调整自己过于念旧而导致收纳问题的性格。

家具进场

家具以浅色系为主，安装系统柜、安装厨具、并采购浅色沙发与餐桌。

装修

1 原本的车库让出来，1/2作为玄关阳台、1/2并入开放式厨房。

2 书房前移做半开放式。

3 利用楼梯下方做电视墙、储藏室。

4 接近后阳台处撤掉所有过道，成为两间独立的卧室。

分类&转送

在平面规划时，已经知道哪些物品未来会放在哪个区域，因此将物品依照划分好的空间用途进行分类，并将多余的物件整理好，转送给需要的朋友或相关回收单位，不囤积也不浪费。

这座82平米方的老房子是女主人从小长大的地方，结婚时重新装修后成了夫妻俩的新房，因为一开始二人没有生小孩的打算，所以当初的格局规划是足够让俩人轻松使用的。最奢侈的是，竟留有1/3的空间作为车库，剩余便是客厅，一间主卧和一间小书房，以及位在过道上的一字型厨房。

谁知说不生小孩的俩人，却在几年后一下子蹦出两个小孩！

这么一来，原本的新房成了噩梦，两大两小同睡在一间房，玩具、书本只能凌乱地到处堆着。每次一到假日，一家人就好像被家中杂物给赶出门似的，根本没地方能待，更别说邀请朋友来家中作客了。

这样杂乱无章的生活，直到大儿子即将上小学的前夕，夫妻俩终于忍无可忍，决心要重整空间，拥有一个“正常”的家。他们的愿望其实很简单，就是先把儿子们“赶出爸妈的卧室”，让大家都有好的睡眠品质；假日可以不要急着“夺门而出”，好好享受居家生活，甚至有朝一日，能下厨邀请亲友到家中聚会。对新空间，房主还希望可以继续使用10年。这样的梦想，要如何实现呢？

第一步——丢吧！用不上的就是和人没缘分

收纳除了和空间有关，和个人的性格也有很大关联。

男主人非常热爱阅读，什么类型的书都喜欢买来看，再加上工作性质有许多需要的参考用书，因此家里的书籍量很多，现有的书柜完全不够放，所以随地都能看到散乱的书本，如果不小心踢到、绊倒，一点都不夸张。

女主人是在家工作的自由职业者，不仅有很多文件资料，还有电脑、打印机等设备，原有的小书房容纳一人使用已经不堪负荷，更别提要边工作边督促两个儿子写作业了，乱糟糟的书桌根本挪不出任何空位！至于小孩子，最多的物件当属玩具，走到哪玩到哪，玩腻了就随手一丢，没有固定的收纳地方，也是造成混乱的主因之一。

由于男女主人都是生性不舍得丢弃的人，家里东西只进不出、越堆越满，再加上人缘好，经常有朋友会把成套的书、玩具送到家里，可惜居家空间早已饱和，在无处可放的情况下，只好到处乱堆，最后面临难以收拾的窘境。

假如要替这家人打分数的话，在收纳三要素上，大致为舍弃20分、分类20分、归位5分，也就是只有不及格的45分！因此改变的第一步，要从“丢”开始！要舍得丢，个性就必须跟着调整，改掉犹豫不决的性格，让舍弃至少提升到30分才行。

BEFORE 家空间

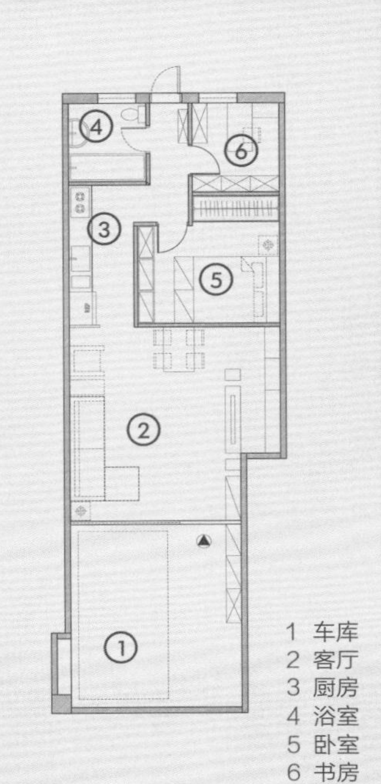

客厅
Living room

玩具和生活用品都汇集在此。

厨房＋浴室过道
Kitchen & bathroom

十分狭长的空间，几乎要侧身而过。

卧室
Bedroom　一家四口都睡在此。

书房
Study room

资料文件多，在取用和分类上十分不便。

首先把东西依照使用频率分类，哪些是天天要用的，哪些是经常使用的，哪些是留了很久却没用过几次的，哪些是完全用不到的。区分出来以后就知道哪些要留哪些要丢。再评估要舍弃的物品，哪些人可以转送，哪些有适合的单位机构可以回收，彻底进行一次“大清仓”。

第二步——分类吧！别让吃的、穿的、用的都“混为一谈”

在房主清仓的时候，身为设计师的我，也同步着手平面规划，将这个长型老屋的格局推翻重整。

首先，就是把占了1/3空间的车库移出，改换成开放式的厨房与餐厅，连同客厅，保留住2/3的公共空间，另外剩下的1/3则以个人使用的书房、主卧、浴室和儿童房为主。

如此一来，每个人的使用空间都变得又大又有弹性，且情感互动更加频繁，而卧室只用来休息睡眠，小一点也无妨。在整体规划中，我安排了一个相当重要的秘密基地——储藏室，因为房子位于一楼，楼梯下有十分狭长的畸零地带，我将它们

AFTER平面图

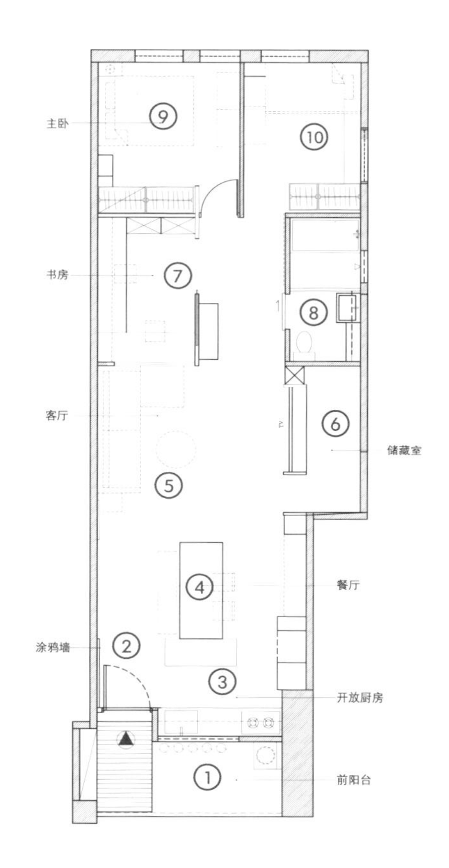

1 前阳台
2 玄关
3 开放厨房
4 餐厅
5 客厅
6 储藏室
7 书房
8 浴室
9 主卧
10 儿童房

1 不便使用的一字型厨房前移之后变成宽敞的开放式餐厨区，让一家人能在此坐着吃早餐。
2 原本占全屋1/3的车库，变为有鞋柜、穿鞋椅及可以让男主人吊单杠的外玄关。
3 将客厅、餐厅、厨房整并成一个空间。

和电视墙结合，创造约7平米的储物空间，可别小看这7平米，因为有了它，散乱在外的书籍、玩具和杂物都能被“吃”进来，拯救了乱糟糟的一家。

当我向房主说明整体的平面规划时，也告知他们未来哪些东西会放在哪里，例如：跟“吃喝”有关的食物、饮品，就会放在餐厨区；跟“阅读”有关的参考书、故事书、闲书，会放在书房和储藏室；跟“娱乐”有关的玩具、运动器材，会放在儿童房和储藏室；跟“穿着”有关的衣物、配件，会挂放在各自的房间衣柜和墙面，清楚明确地规划能让分类这项分数提高至50分，这样加起来就有80分了！

第三步——定位吧！给每个东西一个门号地址

因为东西多，孩子还小，归位这件事实施起来并不容易，所以要求不能太严格，只要从5分进步到10分就够了。要多出这5分，前面的分类步骤其实已经帮了很大的忙，至少物品能够被置放在它们该在的地方，至于要怎样再达到整齐不乱这步，要做的就是更细地分区收纳。

分区收纳的概念说穿了很简单，就是照着物品的属性帮它们安排好座位表，让物品通通对号入座。

举例来说，孩子常玩的玩具放在儿童房，不常玩的或在户外玩的就放在储藏室。爸爸过于庞大的藏书，集中在储藏室的书柜。妈妈工作要用的文件资料放在书桌上的吊柜。小朋友的故事书、套书则放在书房的落地书柜里。

此外，孩子涂鸦的工具放在客厅入门涂鸦墙的收纳盒，洗澡时的玩具放在浴室收纳篮。洗澡会用到的浴巾、沐浴用品放在浴室外的矮柜里。妈妈的化妆品、个人卫生用品则放在浴室的抽屉柜……所有物品都能近距离使用和收纳，顺手就可以归位，自然不会杂乱。

原本房主很担心只有82平方米的房子，就算再怎么规划都很难够用，对我不做很多柜子收纳物品的设计，也感到半信半疑，但照着舍弃、分类、归位的步骤，等到实际入住之后，发现空间一点都没有不够用，而且东西也不再散乱一地，整个家变得整齐干净，一家四口终于过上了正常的居家生活！

1-1

1-2

1-1、1-2 电视墙背后是一个楼梯间，推开右侧门即是储藏室。
2 格局重整后过道变宽，并配置矮柜收纳沐浴所需用品，方便使用也不浪费过道空间。
3-1、3-2 将书房规划至客厅旁，可让女主人和两个儿子共同使用，工作所需的设备也有专放位置。

Point 1

玄关＋厨房

从墙面、流理台、中岛到电器柜，善用每寸空间。

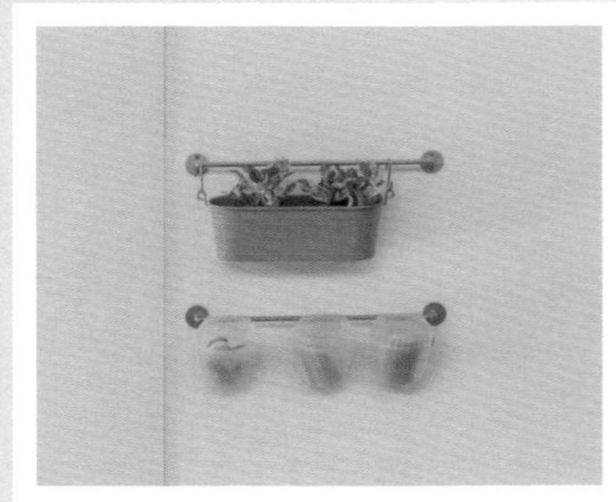

进门玄关有一大片玻璃墙可供孩子涂鸦，墙旁利用吊杆和笔筒收纳画笔，画完就能顺手收拾，另一吊杆还可挂上盆栽点缀，美化居家环境。

Before

After

摆放的方式也很重要，同样的物品，经过分类、调整角度及高矮顺序之后，空间马上从拥挤变成可放再多的状态了。

中岛内侧洗碗机下方空间设计为抽屉，用来摆放保鲜膜、夹链袋等；厨具台面下则利用层板和置物架，收纳锅盖、锅和面包机、果汁机等用具。

将中岛靠近玄关的那一侧设计为抽屉，上层可摆放钥匙，方便进出门时身上小物的取用，下层抽屉则仍归类于厨房，收纳料理器具。

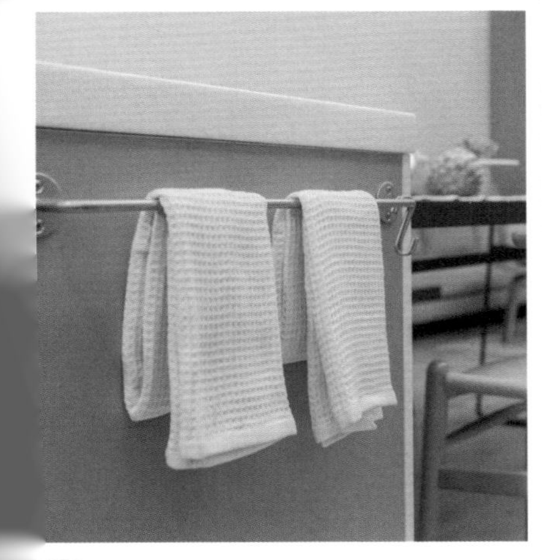

在中岛侧边架上吊杆就可吊挂抹布，方便在厨房料理时擦手或擦桌子。

电器高柜最上层，因取用不便，因此可作为备用物品的收纳处，像是储存较少用到的酒和调味酱料瓶。电器柜中层设计了上掀门板，内部可将电锅收起来。

Point 2

客厅＋储藏室

利用电视墙前后，放置视听设备与杂物。

音响设备统一置放于电视墙下排，管线干净收于后方，并于两侧规划凹槽摆放音响，上方还可作为收纳柜使用。

长型的储藏室规划了整面书柜，让男主人放书，书籍依照类型、尺寸分类摆放，整齐又好找；对面层架则以小孩杂物、玩具为主，底端的收纳柜抽屉则将其他杂物分类摆放，好找又不乱。

沙发靠墙处使用置于地板的藤篮收纳杂志，另外，利用低音音响当作沙发旁的小几，上面再选用小藤篮收纳控器。

Point 3

书房

大人、小孩共用，工作、阅读全搞定。

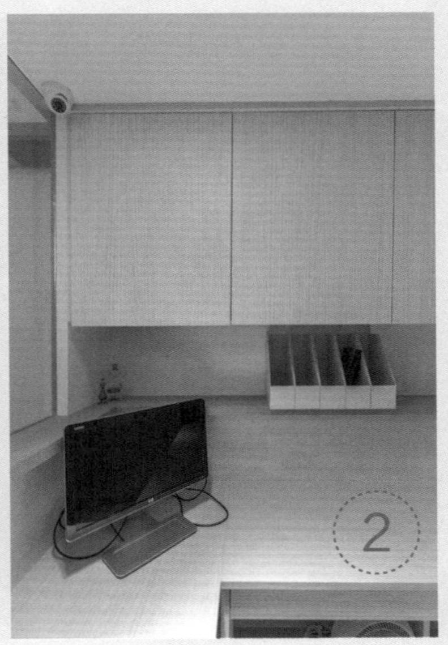

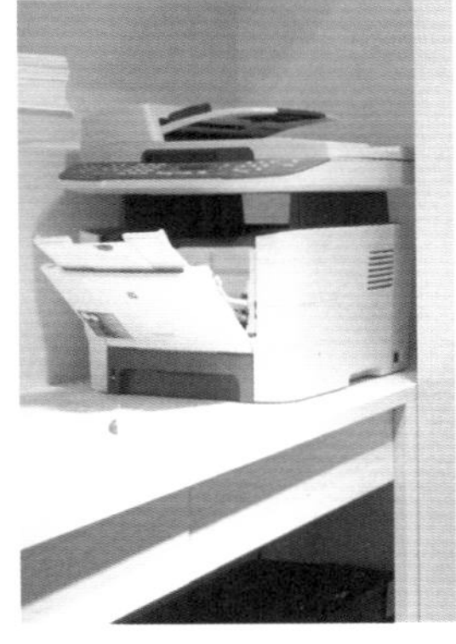

利用书柜与长书桌形成的凹槽，可以置放打印机，过大的机器型体可以被遮掩起来。靠墙的整面落地柜是属于孩子的书柜，可和爸妈在书房一起阅读。通过门板收纳，不同颜色的书本都隐藏起来。

女主人的工作桌，紧邻着电脑旁，所有资料文件都收在书桌上方吊柜，中间层板则以资料盒收纳常用的文件。利用书桌转角处的下方空间，规划为打印机、网线等线路的集中收纳柜，门板并有散热设计。

Point 4

浴室+过道

利用矮柜、配件，增加收纳空间。

2

由上而下，除镜柜、层板、面盆柜，充分利用L形的角落，另外购买同风格家具柜，增加台面与抽屉的收纳。

浴室外的过道以抽屉矮柜辅助收纳，里面放置毛巾、浴巾等沐浴用品，就近即可拿取使用，而柜体下方的挑空，可以放小朋友进出浴间的小拖鞋。

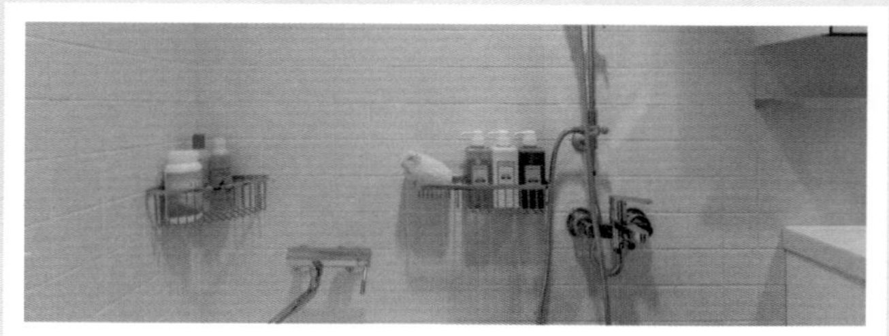

3

浴室湿区在转角处及淋浴柱旁，善用收纳配件摆放沐浴瓶罐、海绵等，不让杂物堆积在潮湿的地面。另外也设置横杆，搭配挂筒，摆放孩子洗澡时的玩具。

Point 5

卧室

主卧简洁、儿童房可童趣实用，又方便收纳。

添购现成的抽屉收纳柜摆放玩具，还可依照抽屉篮的颜色分类，简单明了帮助孩子自己收拾玩具。衣柜按照小朋友的身高将吊杆规划于下方，虽然是兄弟两人共用的衣柜，还是区分为两区，让孩子从小养成自我管理的好习惯。

终于可以拥有自己房间的男女主人，因为工作和嗜好物件都分别留在书房和储藏室，卧房里只需有简单的一字型衣柜和床头柜即可。

在墙面和柜面钉上造型可爱的狗狗挂钩，适当的高度让孩子能自行吊挂浴巾、外套，实用又不失童趣。

由黑翻红实证

case 2

抢救弟弟、爸爸和猫咪的小书房，迎接坐月子的妈妈回家

改衣柜，规划猫空间，还有矮墙分隔的书房与游戏区

空间类型：儿童房　**面积：**16.5平方米　**家族成员：**长辈两位、夫妻俩、两个小孩
空间配置：电视区、书房区、猫区、游戏区、衣柜区
使用建材：系统柜、五金拉篮、窗帘、宜家壁面收纳配件、无印良品收纳箱

空间诊断123

1 **小孩玩具大爆仓：**大至整座的过家家玩具厨房，小至积木，玩具持续增加。
2 **新衣、好鞋、名牌包挤一间：**主卧放不下的衣服、未拆牌的新衣物，加上收藏的好鞋、好包，东一处西一处，有地方就塞。
3 **猫咪专属用品散落各地：**爱猫的起居室和各式用品，不知摆哪的就一袋袋随意放。
4 **电脑、电视随地摆：**电视柜收不了太多东西，电脑设备无处摆。

1 **玩具收纳分区分盒：**利用挂杆与玩具盒收纳小物；利用拉抽式深盒收纳量多的同类型物件。
2 **柜重整：**减少衣柜中过多的层板，拆除用不到的裤架。定制高墙型电视柜，侧边直立柜收藏好鞋。
3 **增加层板、定位猫区：**以落地帘区隔出书桌区与猫区，并于边侧墙做层板，置放猫咪物件。
4 **规划书桌与电视柜：**于矮墙后放一张书桌，将电脑就位，电视墙做系统柜，整合周边的游离物件。

妈妈生弟弟坐月子去了，新成员加入，想必家里又得经历一场大整顿。原来的卧室已不够使用，需要另一个空间弹性运用，原本想作为日后儿童房的小空间，不知不觉堆满了衣服、包、玩具，就连猫咪和它的家当都住在这里。于是爸爸决定终结儿童房的混乱局面。不过这一切，都得赶在妈妈带弟弟回家之前完成……

Step by step 改乱归正的儿童房vs.书房，这样做

虽然是单纯的一个房间，但因为原有的收纳箱、固定柜、衣柜需要保留，玩具、书籍、衣鞋等也只能做部分清理舍弃，因此，这次的收纳重点将着重增设正确好用的复合式柜子，明确分区与置物。

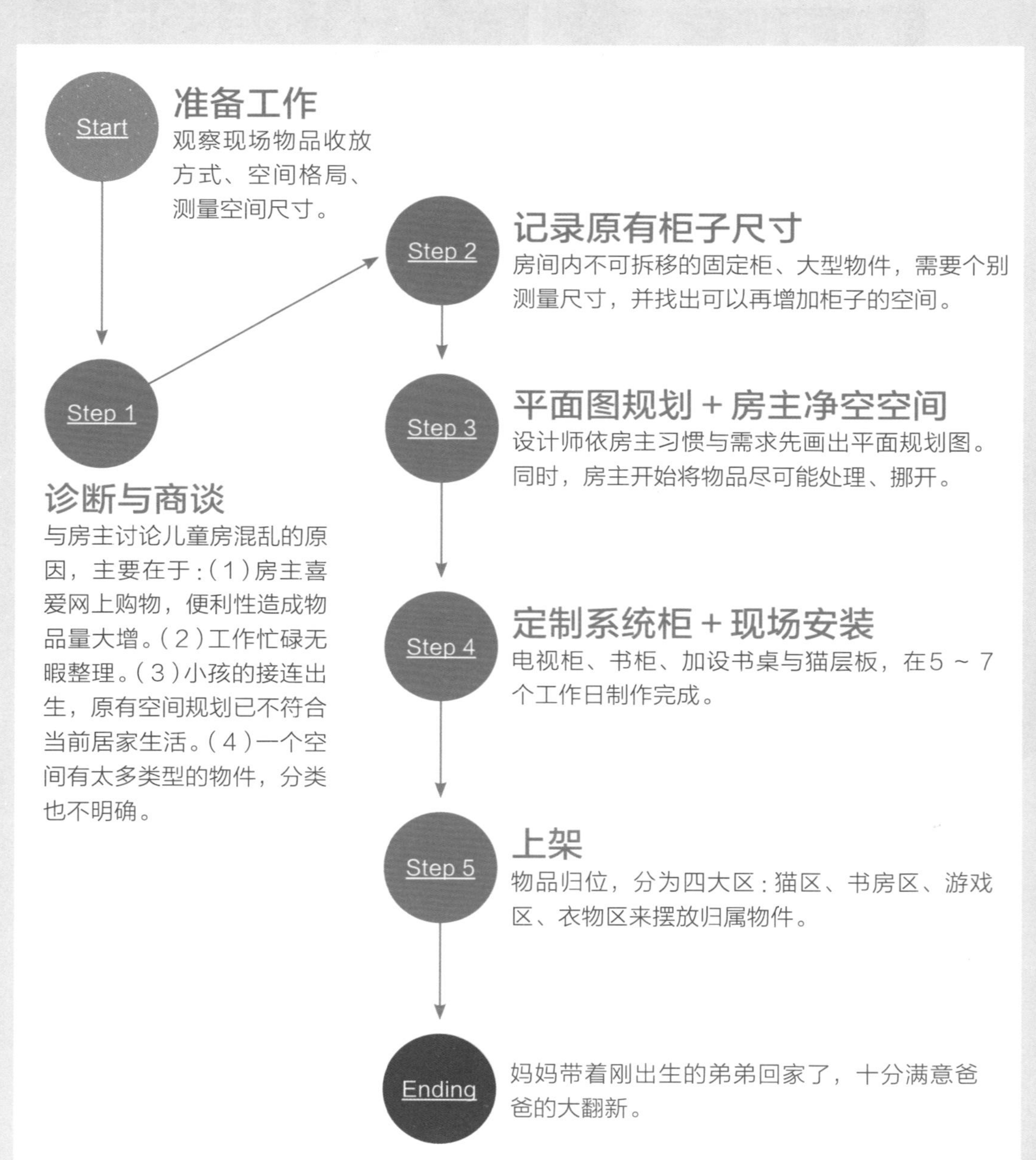

BEFORE 家空间

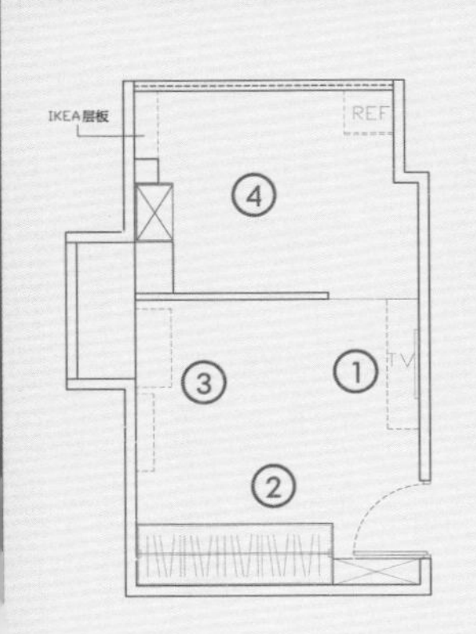

1 电视区
2 衣柜区
3 游戏区
4 猫区、杂物区

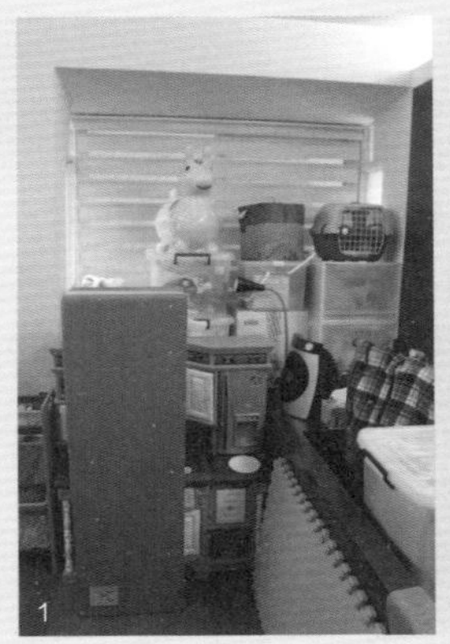

电视游戏区

1 大小玩具没有收纳辅助只能堆放。
2 大墙面变成各式柜子的拼盘。

衣柜区

3 内部以层板为主，造成乱塞的状况。
4 门后，利用窄空间塞进活动抽屉放小物与穿衣镜。

书房 + 猫区

5 分类层柜和猫用品，没规划，十分零乱。
6-1、6-2 有一深柜，但不知放什么才好。

遇见这位年轻爸爸，是正值他们家中女主人刚生下第二个宝宝，人还在月子中心休养的时期。这位年轻爸爸想给太太一个惊喜，而这个惊喜十分务实，就是把家整理好。乍听之下，这似乎是很简单的一件事，但和很多家庭一样，孩子一旦出生，就注定是家里乱成一团的开始。更何况由于这位年轻爸爸喜爱网上购物，“各地物资”便不定期如雪片般飞进家中，这样，在各个角落都能看到未拆封的新货，就没有什么好奇怪的了。

这对年轻夫妻和父母同住，大部分的空间都在老人的照顾下井然有序，但偏偏要预留给小孩的儿童房却不知不觉间变成了储藏室。主卧放不下的衣物、包、男主人的数十双鞋，再加上大儿子的各式玩具都放在这里，就连爱猫都安居在此……更有趣的是，天花板还安装了男主人的拳击沙包吊勾，虽然现在都拿来挂大衣了。

第一步——评估可增加的收纳空间，改柜、加柜

第二个孩子出生，让这位年轻爸爸意识到，自己真的需要一个在家工作，同时也可以兼顾到一旁游戏的孩子的地方。为了满足这位爸爸的需求，我们设定了两周的时间进行改造。第一件事就是让他知道，未来的新空间将会分成4~5个大区，日后每个物件都得摆放在它们所属的区域。

彼此达到共识后，便开始评估各角落的改善方式，确认摆放电视的那一大面墙，会是这次改装的大功臣。从入口处一直到梁下方，采用电视柜与书柜结合的一字型系统柜；原本就有的衣柜则改动内部配置，依原有的衣物型态，找出适合的收纳辅助工具，并将不属于衣物的物品都赶出衣柜。

1

2

AFTER平面图

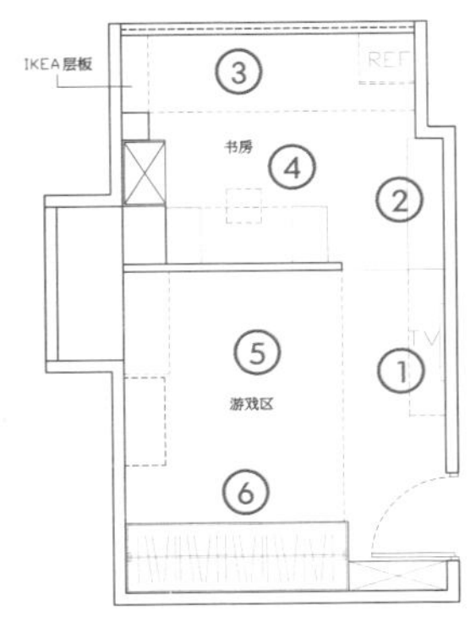

1 电视柜区
2 书柜区
3 猫咪区
4 书桌区
5 游戏区
6 衣柜区

1 善用系统柜，将同一墙面改成一组柜体，视听柜与书柜串连。
2 原有的矮墙做分隔线，前面作为孩子的涂鸦墙与挂物架，后方作为书桌区的隔板。
3 宜家的玩具分类柜移至此，和大型玩具并列，结合地垫和矮墙，玩完就放回，形成一个收纳完整的游戏区。
4 猫咪区的墙上架起了层板，放猫咪的零食和用品，也和书桌区间拉起了落地帘，做好空间区隔。
5 原有的衣柜内部分隔重新调整，更好上手使用。

第二步——分区，分物，各得其所

由于原有的空间存在着一面木制矮墙，区隔了窗台区和电视区，利用这个优势，恰好可以将房间的活动功能一分为二。电视前方的大空地再通过矮墙装设小物集中盒，成为孩子的游戏收纳区。至于矮墙另一方，则增加一张书桌、抽屉柜，结合旁边的固定式玻璃置物柜，重新找回堆在墙角的电脑，让爸爸拥有不受干扰的独立的工作区域，并同时可以看护孩子。此外，设置了双侧拉帘，隔出了猫屋区，让猫咪们也有自己的专属空间。

翻新后的儿童房（同时也是书房），弥补了主卧空间的不足，小孩的玩具也不会被带到客厅“作乱”。故事的最后，当然就是爸爸把妈妈、弟弟接回来时，很开心地展示这份用心的厚礼，以及可以预见的，这对年轻夫妻很舒适地养着孩子，过着令人满意的居家生活。

家的
主题收纳

Point 1

电视+书柜区

一个墙柜，复合收纳，视听设备、书、鞋都能对位。

将电视柜旁的直立柜，用来作为收藏鞋子的鞋区，上方以鞋盒收纳，下方则整齐排列。打开柜子一清二楚。电视柜的侧边则装设挂钩，可以挂放帽子。

2

电视柜，下柜以视听物件，如DVD等为主，上柜则将原先衣柜里塞放的小电器、相机等收集在此，逐一陈列，好用好找。

3

开放式书柜，层板可以移动，从大书到小字典都可以分区收纳（整顿之后，竟然还有空间）。上方摆放爸爸的书，下方则摆放童书，方便孩子拿取。若有细碎小物，还可以用分类盒装入，整齐排列在书架上。

Point 2

猫区 + 书桌区

书桌后方一帘双空间，墙面层板 + 抽屉柜足量收纳。

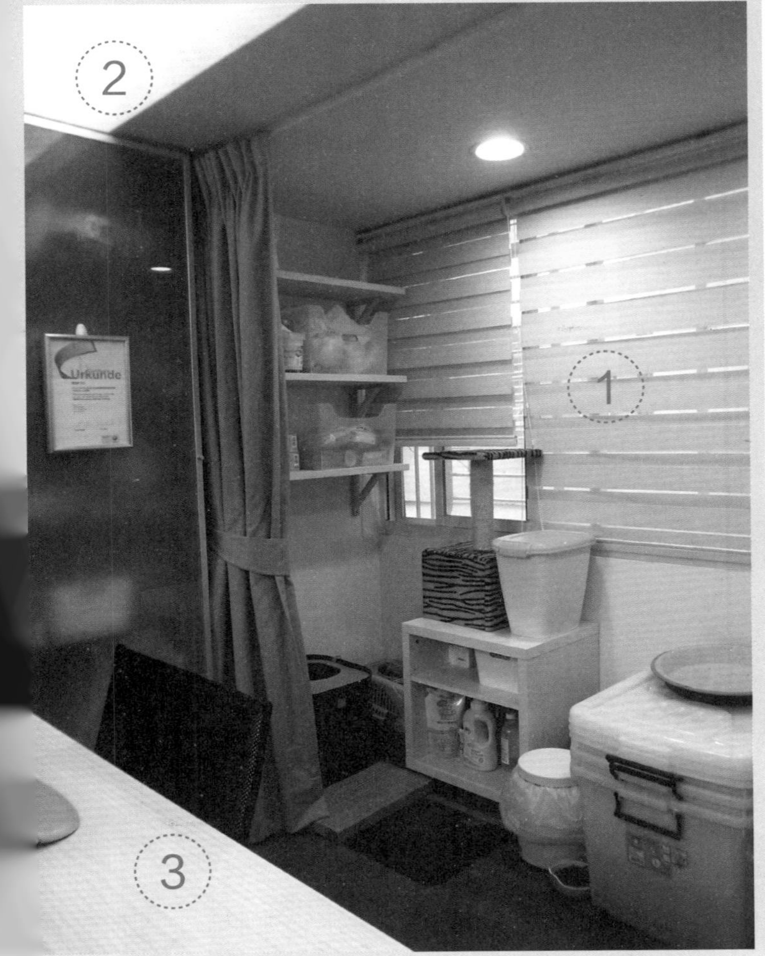

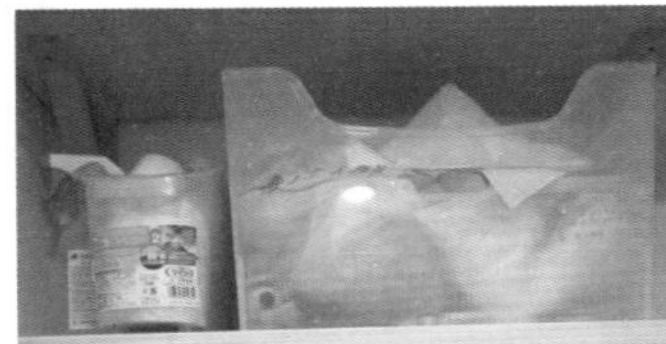

窗边的长型空间，原本的窄墙架上层板，可以放猫咪专属物品，同时也可以作为猫跳板的游戏区，此外，通过矮柜，还可以增加收纳。

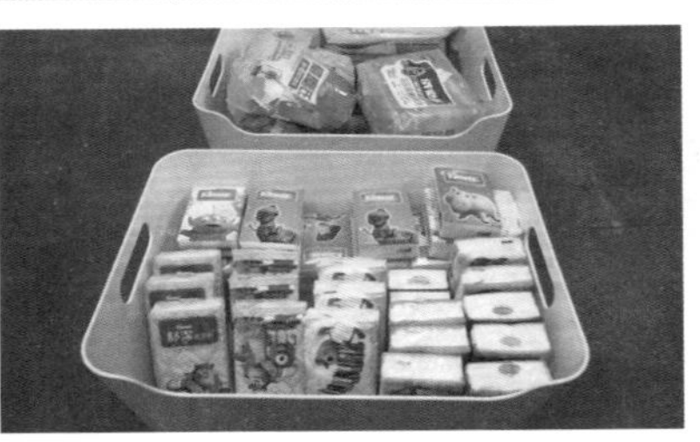

2 原本就存在的玻璃面层架，因为较深，不适合作为书架使用，用来存放妈妈包、背带等婴儿用品，或通过收纳盒，将较零散的湿纸巾、面巾纸清楚排列，可随时拿取。

利用系统柜板材（60厘米 ×160厘米），结合宜家的抽屉，于底层用L型五金固定锁住，结合新的书桌，加添了文件的收放处。

Point 3

衣柜、门后区

外观不变，内部大翻转的柜内重整术。

将空间里散置于各处的薄抽屉都集中在门后区，摆放小盒的医药卫生用品，并在落地镜上安装挂架，可以吊挂腰带，也可以将外出穿过的大衣挂在此处。

上柜　下柜After

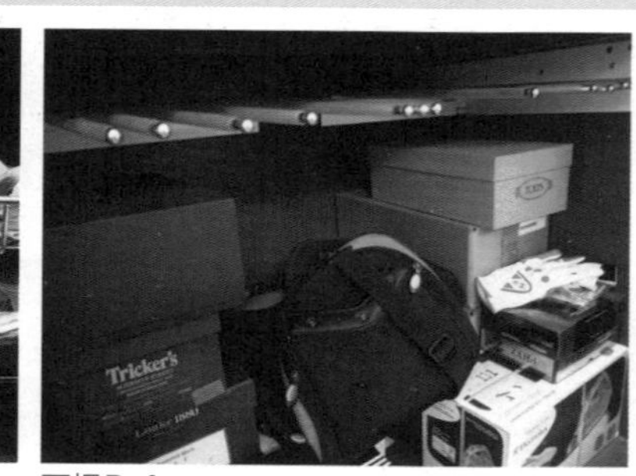

下柜Before

右侧衣柜，将上方的1 ~ 2个层板撤掉，留下吊杆，让小孩的外套也有地方可置放。但下方仍保留层架，方便男主人分层折叠各式牛仔裤。最下方的空间，将原有不好用的裤架拆除，改成拉篮，不用再堆放摄影器材。

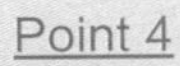

Point 4

游戏区

让收纳盒、收纳柜就近安置，使取放一瞬间完成。

结合一般挂杆与挂盒（购自宜家）固定在矮墙上，96厘米长的挂杆可放5个挂盒，50厘米挂杆可放2个挂盒，作为体积较小的玩具收放处。

将猫咪原本的梯形收纳柜移到游戏区，其深度可以针对较大体积的玩具做收纳。墙面上也可以安装挂钩，依需求置物。

case

3 几次搬迁后的50平方米住家，有孩子一样能又住又收很足够

舍弃客厅，重点设柜，小家住起来轻松省力

住宅类型：楼层公寓　面积：50平方米　家族成员：夫妻、三岁幼儿
空间配置：玄关、餐厅、厨房、更衣室、主卧、儿童房、卫浴
使用建材：德国超耐磨地板、系统柜、文化石、壁纸、定制铁件

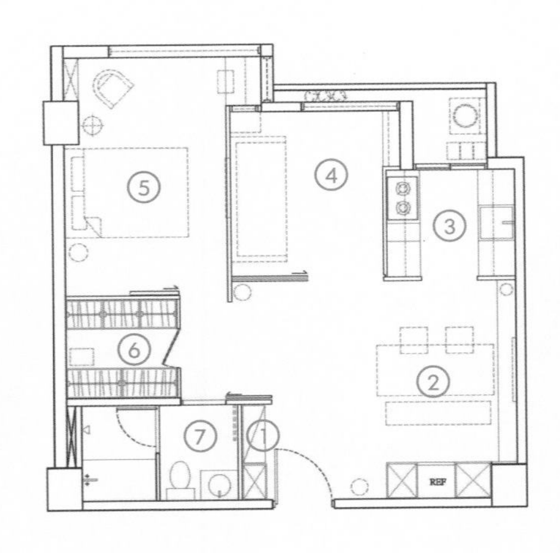

1 玄关
2 餐厅
3 厨房
4 儿童房
5 主卧
6 更衣室
7 浴室

家收纳，分区做 ——

A **墙壁重整**。窄鞋柜vs.活动衣帽柜结合，进门收鞋，还可收外套、手提包。

B **餐厅独大**。餐桌成为公共区活动重心，接手客厅交谊角色。

C **厨房延伸**。冰箱、零食柜、宴客餐具，收入主墙柜中。

D **双排厨房**。充足的层架、吊挂与多功能抽屉，依工作类型做分区。

E **亲子互动**。开放式起居室也是儿童房，让孩子有自己的收纳区。

F **衣物专区**。房间无大型衣柜，将全家的衣物、饰品集中在同一空间。

餐厅
Dining room

1 紧临左侧5平方米的厨房，悬空的矮吊柜方便扫地机清理，大门旁落地大柜收纳量十足。
2 从厨房走进餐厅，运用窄墙区隔，但系统柜概念从里延伸到餐厅，一体成形。
3-1、3-2 210厘米×180厘米的厨房直通阳台，利用两侧做出双一字型的柜体，约7平方米的空间，足以收藏烹调所需的锅具和餐具。

这是我现在的家。

是换了四次房子之后，此刻觉得最适合我与家人的空间。虽然只有50平方米，却足以让两大一小轻松使用，至于当初为什么会选择小面积的房子，其实是想对自己提出的收纳概念做一个印证实验。看看在遵循收纳设计的原则下，从100平方米～130平方米换成50平方米的小空间，是不是也能过得自在，甚至是更好？

小房子的好，从童年香港的记忆开始

这样印证、实验的想法冒出来，起因始于回香港探亲。香港房子很小是众所皆知的事，我的二伯父一个人住在不到33平方米的小房子里，他的物品不多，安排得井然有序，住起来一点都不觉得狭小，甚至有种小而美的温馨感。这也令我回想起小时候，一家四口和外婆一起住在52平方米不到的两房空间，每天在餐桌上吃完饭，大伙会继续坐着聊天，家人的凝聚力因为房子小而浓得化不开，相较现在很多人在家待在各自房间，整天也见不上一面的疏离感，不禁重新想起小空间的好。

厨房
Kitchen

3-1

3-2

探亲回来之后，我开始计划找房子搬家，这次不追求大空间，改换以能让生活过得有品质的小空间，结果我们就从原本130多平方米，正常格局，外加工作室的房子，搬迁到50平方米，原本只有一室一厅的社区大楼。

房子变小了，只能留下需要的物件

虽然房子不大，但我们还是希望能将原有的一室格局扩充成两室，这么一来，除了需要重新调整空间配置以外，只能留下真正需要的物件。在将工作和生活需求想过一遍后，整理的规划就更为清楚。例如我自己的鞋子只要12双就足以应对各种场合，所以，在新家的设计上，不占空间的窄高型落地鞋柜恰好适合；而一家三口的衣物，在重新分类后所留下来的，连同行李箱和夏冬替换的被子竟然也能被180厘米 ×180厘米的小更衣室完全收纳。

儿童房 Child's room

1-1

1-2

1-1、1-2　半开放的起居室（儿童房）和大门相对，营造出家的深度、宽度与层次感。

2-1、2-2、2-3　为了让主卧更开阔而舍弃大衣柜，但仍规划出小的畸零空间，置放功能强、占地小的斗柜、层架，以及小书桌。

2-1

2-2

2-3

主卧
Bedroom

这一次，我通过一连串“其实这些东西就够了”的方式来自我检视，学习舍弃的课题，慢慢发现很多物品的需求量其实是算得出来的。因为自己就是设计师，计算物件数量的同时，空间的样子也能在脑中同步成形，这让最初再多出一个房间的愿望，可以轻松实现。

把客厅丢掉，空间也可以被舍弃

这个家收纳的第一步，就是“丢掉客厅”。

搬进这个家之前，我很认真地把我们家的居家生活模式想过一遍。比如，我先生因为之前从事科技行业的缘故，有一进门就将外衣脱掉的无尘室习惯；孩子每天都要出门运动，球拍、玩具之类的物件也希望安置在门口拿了就走，所以，即便小居室没有玄关区，我也想办法从浴室墙偷出一些深度，规划出玄关鞋柜和衣帽柜，便于出门、进门时拿取相关用品。

决定丢掉客厅，也是深思过的。我们家有一大群好朋友，他们最常约到我家来（据说是因为我家最整齐），吃吃喝喝，亲子互动，也都集中在厨房。因此可以说，我家所有的情感交流都不在客厅，餐厅与厨房，才是真正的灵魂空间。

不过，光是一张餐桌，可以做的事太多太多，我试着抛开一般家庭习以为常的空间结构，只留下“我们这一家”所需要的——舍弃客厅，扩大餐厅，家变得更简洁宽敞，这正是我在面对收纳时提到的第一步“舍弃”！

厨房和餐厅，收纳界的里应外合

整个家里，厨房和餐厅可以说是火力最强大的“弹药库”。餐厅主外、厨房主内，这两个空间看似独立，但其实我在设计规划时是将它们看成一体的。

从厨房柜体、流理台开始，向外延伸至餐厅空间时则选择悬吊式边柜，继续转出L型的大型壁柜，我在里面暗藏了冰箱与收纳零食、养生用品的大层架，可以完全隐起杂乱的设备和物件。统一颜色及柜体线调，其实就是利用系统柜的概念一气呵成，围绕出的一个进食空间。

至于主卧，对我们来说它只是一个睡觉和休息的空间，但为了让儿子偶尔能看半小时的动画片，我们还是在墙上装了电视，并不做长期视听之用。不做衣柜，房外另置更衣室，但仍在主卧的墙体规划上做出两个对称的内凹空间，一边摆置抽屉五斗柜，一边置放小书桌，用来收放零星物件，或是在房内使用电脑处理事务。

浴室 Bathroom

面积小的主卧将更衣室外移，介于浴室和卧室中间。浴室设置面盆结合双层抽屉的浴柜来争取空间，让迷你的浴室一样做到干湿分离。

和餐厅相对的是带有透明大拉门的起居，它是客厅被舍弃后主卧衣柜外移而释放出来的空间，现在作为儿童房使用。我之以采用复合式规划，是因为三岁的儿子正值爱黏着爸妈的年纪，不喜欢在房间玩而开放式的起居室不仅兼有儿童房的功能，又扩大了孩子游戏的空间，通过起居玻璃拉门，随时都能看到餐厅的爸妈。

小房子收得好，家事会变少

搬到新家后，孩子适应得很，我曾问儿子："这个家好还是以前的家好？"他开心地说："当然是现在的家！"

而对大人来说，搬到小另一个优点就是打扫时间变短了！物品都有明确的置物点，使用完就可顺手放，不用翻箱倒柜找东西，也不再需要特别花时间归位、整理，就连瓶罐、杂物的厨房，在准确规划下物品也都收得刚刚好；在使用同样地板材质的基础下，以前每周要花钱请人打扫，现在自己用抹布拖地，只要换三次水，不用10分钟就清洁完毕，打扫时间还不到过去的1/3，另一半要分担的家务也变少了，老公乐得开心，直说住小房子比大房子好多了！

我曾预想过可能会出现的不适应状况，比如空间太挤住起来不舒服，柜子不够、杂物没地方收等，没想到这一切不但没发生，一家人过得反而更开心。在房价飙涨的当下，通过理性的收纳方式舒适地住在小面积的房子里，不但房贷负担较小，受房价波动的干扰少了，生活也更加轻松自在。

recommend

设计师（房主）收纳心得

1 **舍弃**：通过计算需要几双鞋及计划四季衣物怎样搭配，一开始就节制纳入量，之后每半年、一年进行物品淘汰与转赠。

2 **分类**：依照不同物件的常用、备用状况，以及所属的区域做分类，备用物件可放在较不易取得的地方。

3 **定位**：进行大分类后，开始替每一个物品确认最易取放的固定位置。因为顺手好取用，在归位时自然也能毫不费力的放回去。这样的好处不只杂物不再漫延，同时，每样物品是否用完了、坏了该换了都能清楚掌握。

4 **有进有出**：保持"有进有出"的购物概念，不冲动消费才能让收纳空间维持平衡，不会出现东西越堆越多、柜子不够收的情况。

5 **每一次搬家都是最好的练习**：借由搬家的过程练习与物品舍离，明确精准地计算，只留下需要的。

家的
主题收纳

Point 1
玄关
除了鞋柜，别忘了还要衣帽柜。

长而窄的鞋柜，最上方摆的是较少穿或下一季才用得到的鞋子，中间则作为信件钥匙置放区。当季与最常穿的鞋子，则放在下方。

90厘米×60厘米的衣柜是很容易寻得的活动家具，只要在装修时预留好置放空间。对开门结合抽屉的衣柜，成为现成的衣帽柜，放包和外套都十分适合，抽屉还可以用来放室内拖鞋，下方夹缝处还可以摆外夹脚拖。

Point 2

餐厅

支援小厨房，把零食和冰箱都收进柜子里。

1

餐桌主墙规划悬吊式长柜，便于使用清理扫地机，边柜除了放置音响，台面上也可摆放鲜花、艺术品美化空间，下柜则收纳了各式花器、蜡烛，随时更换都很方便。

2

利用系统柜和功能强大的功能五金，让柜门内侧可以摆放常温饮品，里面则以拉篮方式收纳家中零零落落的食品和点心。

3

餐桌旁的墙柜集餐柜、干货柜、嵌入式冰箱于一身，所有与“吃”有关的物品、食材，都在此区集中管理，也便于取用。

Point 3

厨房

流理台下，抽屉拉轨式收纳才是王道。

比起层架，流理台下方建议使用分层的抽屉式收纳，如燃气灶下方的筷、匙，汤碗、餐瓷器，五金锅具。薄型拉轨式则放调味品和油、盐等。还可以在烤箱下方规划超浅抽屉，放烤盘纸、隔热手套等烘焙小物件。

除了餐具，日日都要食用的干货也可以通过抽屉在厨房进行“店铺式”的收纳。60厘米×60厘米的抽屉，刚好可以用高筒密封盒以3×5的排列完美填满。哪一盒缺货了，马上就能知道。

3

流理台上的吊柜，依置物类型不同，层架与门板的材质也各异，收纳需要随时使用的杯盘最好以玻璃材质的柜子为主。保温瓶柜则以隐藏门板为主，内部则依照高低排序，方便取用。

Point 4

起居室（儿童房）

把床拉出来，就是儿童房。

起居室沙发旁的角落摆放现成抽屉柜，方便归档孩子的画作、画画工具等。抽屉取手采用挖空设计，没有突起物，也不会让小孩夹到手。

身兼游戏区的起居室，运用窗旁内凹墙面设计玩具柜，上层可作为展示柜及书柜、下层为收纳玩具的活动格抽，让孩子从小养成收纳的习惯。

为了让起居室保有宽阔的活动空间，特别选用拖拉式的子母床，将床铺收纳于沙发内，到了晚上起居室就成了儿童房。

Point 5

更衣室

将全家的衣物、
配件都集中在一起。

位于空间底端的共用更衣室，左侧以吊杆收纳衣物，让不适合折叠的衣物可以陈列清楚，角落处除了使用薄形柜加强小物收纳，也在柜体角落自粘挂钩，放置项链等饰物。

2

更衣室右侧下方，则大量规划抽屉，里面主要摆放小孩常穿的棉质衣物，男女主人的家居服、休闲服，同时也运用浅柜分格摆放领带。

Point 6

主卧

凹墙设计，斗柜和小书桌区负责轻量收纳。

主卧空间狭小，利用梁柱下的壁面内凹处设计了书柜及小斗柜，隐藏式的手法兼顾收纳、实用与美感。

同样的凹墙设计，摆放了小书桌区，搭配小抽屉和薄型柜，方便上网。

Point 7

浴室

浴柜、凹墙收纳、镜台梳妆好帮手。

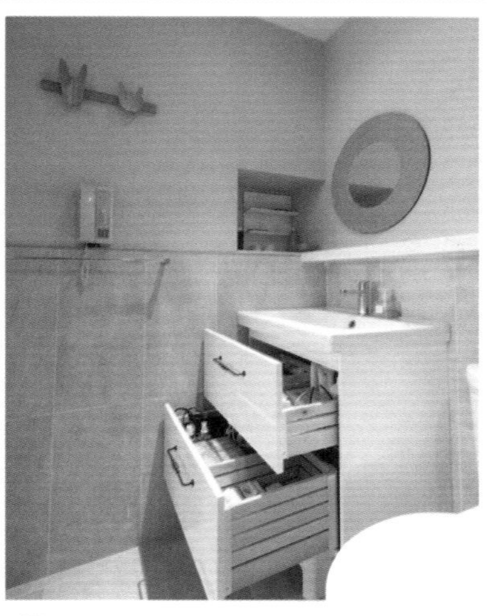

面盆结合双层抽屉的浴柜，腾出空间让小浴室也能干湿分离。下方大抽屉的浴柜可收纳沐浴瓶罐、吹风机等。

侧墙内凹处则摆放常用的保养品，随手放也不怕不整齐。镜墙下方的小台子则可以辅助梳洗时物件的暂放。

3

将补充包概念用于各式生活用品中，用固定式的沐浴瓶和洗发精瓶架，取代杂乱随意置放的瓶瓶罐罐。

case

4 女儿以鞋量夺魁，妈妈凭碗盘量胜出！解决女人的收纳问题

抓到让家中物品爆量的关键点，重点藏柜，不必处处见柜

住宅类型：楼层公寓　面积：165平方米　家族成员：夫妻、两个女儿、一个儿子
空间配置：玄关、客厅、餐厅、厨房、和室、主卧、更衣室、主浴、女儿房x2、客浴
使用建材：低甲醛海岛型木地板、系统柜、壁纸、木皮、进口石材。

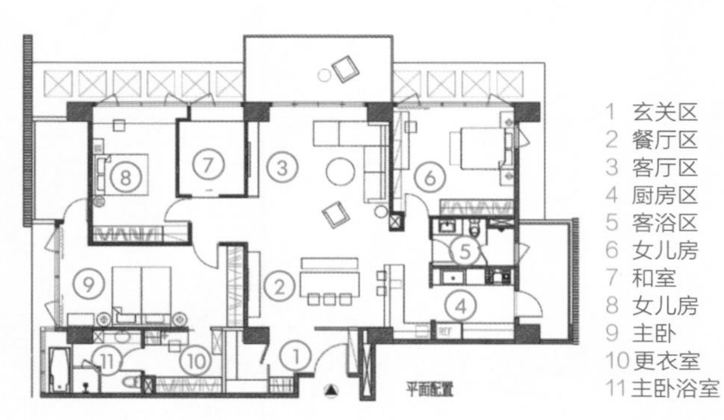

家收纳，分区做 ——

A **衣帽鞋区**。入门玄关右侧，以矮柜层板收纳家中女鞋，另外在进入客餐厅处安排衣帽柜，上方置放包与衣服，下方则置放男鞋。

B **隐藏储藏室**。门板与墙同材质，玄关更利落，1.6平方米空间架上活动层架，收电器、行李箱，以及换季的长靴等大小物件。

C **客餐厅主柜**。位于玄关入屋后，通往不同空间的过道上安排宽矮柜，取物方便，大量抽屉柜可放家中各式各样细碎物件。

D **卧室衣柜+杂物柜**。主卧在更衣室安排大面积衣柜，女儿房则除了整面墙的衣柜，另外安排大量层格、抽屉辅助柜收纳私人工作物件。

E **吧台轻食区**。款待客人的冲茶、煮咖啡料理区，以杯盘餐具收纳为主。

F **厨房烹调区**。大小型厨房家电、锅具、零食柜皆在此区。

玄关+餐厅 Entrance&Dining room

1 餐厅与厨房间设计了中岛吧台，让餐厨区有所联结也更有互动性。此外，借由横梁区分客、餐厅，并把吊隐式空调设备与管线藏在里面，收纳效果更美观。
2 用格栅区分玄关与餐厅，餐桌后方以餐柜和画作为视觉焦点，餐柜同时也能收纳居家杂物。

起初，要从三百平方米的通天厝①搬到面积缩减一半的新家，最先来找我的是负责家里大小事的妈妈。当时，她和其他家人都充满了不安，主要是因为，除了男主人力行"减法生活"、儿子长年在国外之外，家中还有两个女儿，都各自拥有数量颇丰的生活物件。

收纳不是见柜就塞，配合习性才好收

总的来说，两个女儿的鞋量不可小觑（其实妈妈也颇有实力，三个女人就有多达上百双鞋），再加上妈妈的厨房世界里还有一堆锅碗瓢盆，无论是在数量上还是情感面上都累积了一家人数十年的味觉记忆，再怎样割舍，还是有不少东西被妈妈当作居家生活的好帮手而无法舍弃。此外，已经成年的女儿，一位从事美容相关行业，另一位则从事教学工作，卧室除了自己居住外，还得让相关的工作物件一起入住。因此这次搬家，每个人心中不约而同冒出"东西不够放怎么办"的恐慌！

① 源自闽南方言，指门户独立、占地面积较小，内部各楼层由楼梯相通的房子。

这一家人的装修主题，很明显直指收纳的规划设计！收纳空间绝对是不能被“减掉”的重点！三个女人加起来的爆多物品，到底要怎么收纳才最好？

跟大多数不了解收纳意义的人一样，妈妈一开始就提出“柜子做越多越好，最好做到顶”的要求，认为只要有柜子，所有东西塞进去就可以眼不见为净了，但收纳设计如果无法配合日常作息，养成顺手就收的习惯，柜子做再多还是一样乱糟糟。因此，我接手空间规划的第一步，就是先了解家中成员的个人习性。

玄关守得住，客厅才清爽

应家中三位女性的共同问题：鞋的收纳，在空间规划上，独立式玄关成为首要且必要的存在。在初期规划中，从整个家的总面积中让出5 ~ 7平方米，划分出三个角落，分区、分男女、分季来收放鞋子。

入门处的矮鞋柜，三门式层架上，以女鞋尺寸规划，视觉上整齐舒适；另一区则将壁面内嵌并结合鞋子与外套和包的直立柜，下方的拉抽式鞋区以男鞋、客人鞋子收纳为主。转角是小型储藏室，将家中难以归类、归位，或暂不用的季节物品都存放在此。

解决家中心头大患后，剩下的收纳任务就轻松多了！客厅电视柜主要放置视听设备，挑选多功能合一的款式，可少占空间及避免管线乱窜；沙发旁利用墙凹处设计出可

3 L型中岛吧台以抽屉柜为主，短侧则有上吊柜摆放餐具，让生活用品也成为装饰品。
4 由于厨房跨距够，内厨房采用双排型厨柜，一边作为烹调洗涤区，另一边作为冰箱与电器柜、储物柜区。
5 客厅不以收纳为诉求，保有公共区域的宽敞明朗。
6 电视墙后方为多功能和室，可当作客房或起居室使用。

客厅
Living room

替代笨重茶几的边几柜，不但储物量增多，客厅空间也变大了，同时让房主的收藏品有了展示及收纳的地方，制造吸引目光的视觉焦点，是一举多得的收纳法。

厨房，就是要干干净净

居家空间中另一个易陷入杂乱的区域就是餐厨区。

为了区隔餐厅与厨房，且将轻食和料理用途分开，两区之间规划了L型的中岛吧台，吧台下方嵌入红酒柜，再运用抽屉储藏餐具、干粮等，短侧处则是小家电区，平时可将咖啡机、果汁机收于下方橱柜中，需要使用时再拿出来，用毕即可在旁边的水槽区清洗再收入下柜，所有动作一气呵成，就能降低物不归位的概率。

很会折叠很爱挂，依主人习惯规划衣柜小天地

在衣物方面，妈妈习惯将衣服折叠收放，女儿的衣服则以吊挂居多，因此在衣柜内部的设计上自然有所不同。主卧衣柜除了基本的吊杆，还运用了拉篮、抽板等五金器件，摆放折好的衣服和送洗拿回来的衣物；女儿房的衣柜则以上下双吊杆为主，设计符合生活习惯、定位明确，物品自然容易归位。

除此之外，家中的三位女性在私密空间还另有不同需求。

除了原有的大衣柜，主卧后方则以过道概念进一步规划梳妆台、更衣室的长形空间。因为妈妈喜爱香水，于是通道口的香水柜设置了瓶罐的展示区。更衣室内增设一墙大衣柜，与卫浴入口的毛巾柜、收纳量大的化妆桌分设两侧，将更衣、梳妆与盥洗的动线和物件拿取结合起来。

两个女儿的房间也各有不同。从事美容业的女儿，房间收纳除了衣柜外，因空间够大，在另一片墙体还设计了大片的格层柜，存放个人时尚用品与工作物件；从事教学的女儿则有较多的课程书籍，通过床下抽屉、床头边柜、以及大片窗台的工作桌与抽屉设计出教材的收放处。

通过这次沟通，设计师了解到房主日常生活动线后再规划空间设计，让一切居家生活物品有了清楚的分类定位系统。以前没有收纳习惯的人，渐渐理解到自己的物件可以如何存放收取，搬进新家的同时，开始“习惯”收纳这件事。

卧室 Bedroom

1 由于后方另设更衣室，主卧室以简单的一字型衣柜为主。
2 主卧更衣室连接主卧浴室，创造出不同功能的收纳柜。
3 从事美容业的女儿，收纳配置除了衣柜，再利用进门大墙另外规划层柜。窗户是采光的来源，却会产生阳光刺眼的问题，利用活动床头背板遮盖，随需求开合的同时，窗户也收得好好的。
4 从事教学的女儿，除了单面大衣柜，床下抽屉到床边矮柜、甚至是长桌下方都安排了收纳。

recommend

设计师收纳心得

Q1 感觉每个空间都该有柜，但装修时如何区分比重?
A1 最快的方式，就是像房主一家人那样，直接找出“家中最多”的前三名物件。比如鞋、厨房用品和衣服。以鞋为例，在开始规划时，只有概算出家中鞋量后，才能精准地知道玄关鞋柜怎样做才够放。
Q2 卧室的收纳，只做一个衣柜就够了吗?
A2 如果属于小家庭，部分的私人物件可以挪移到书房等公共空间，但若是与父母同住，与自己相关的收藏、工作文件就免不了得留在卧室中。若是可以将衣柜内部配置调整成抽屉柜，便可以稍稍辅助非衣物的放置，或者通过选择可收纳的床架，或矮柜搭配。总之，检视自己的物件，不是只要有柜子就行。
Q3 除了把东西收好，还有没有其他技巧可以让居住空间更干净?
A3 把空间也收起来。像次要空间，如客浴、储藏室等可以运用墙门一体的设计，直接隐藏起来，让家的墙体更简洁，看似好像没东西可收，但其实已经收了一大堆了。

Point 1

玄关+餐厅

从进门就开始收纳，看似无柜，其实柜子很足够！

玄关分成三个区块：规划日常鞋柜、衣帽间及衣帽柜，一进家门就能放好所有东西。矮柜分为对开门与单侧门，内部以层板为主，侧边的单门柜则可放较高筒的鞋子或其他物件，依需求调整高度，属于弹性变化区。

玄关的衣帽柜紧邻隐藏式储藏室，衣帽柜上方设置挂衣杆，深约60厘米，因深度关系，下方鞋柜采用拉抽滑轨层板，主要以男鞋为主，每层可放两排，增加收纳量。

3

餐柜主要以抽屉为主，最上层为浅抽，下方为深抽，最两侧则为层板。一个柜子有不同的收物形态，分层分类更方便。

Point 2

厨房

外吧台、内厨房。

L 型开放式吧台区。分湿区与干区，清洗区上方陈列杯子，中岛区则有一字型厨房的下柜式收纳量，让厨房碗盘锅组皆有足够的位置可归放。

2

双排型厨房以抽屉和拉篮为主，炉具下第一层浅抽附有可调式分隔板，能放置各种餐具，第二层深抽则摆放大件锅具，方便料理时拿取。另外，利用冰箱旁的窄空间，做拉轨式薄柜放干货。

Point 3

主卧+更衣室

卧室除了原有衣柜，还有更衣室，衣物收纳量加大再加大。

1

卧室大衣柜。依照女主人的习惯和衣物类型，九成使用吊挂内部配置，搭配拉篮、抽盘以及现成收纳抽屉摆放袜子。拉门的取手以内嵌隐藏式为主。

主卧更衣室在梁下嵌入柜体，透明中段可展示女主人的香水瓶，上下门板内可储物。门板开启使用按压式设计，让玻璃门开合更轻快。

现成家具是居家收纳的好帮手，古朴的中药柜不但为居家风格增添气氛，更能收纳很多小东西。

4

卧室后方另增设更衣室、化妆桌，更衣室内另设衣柜，吊杆式空间，下柜不只可以放衣物，也可以作为其他大型物件的收放处。

5

化妆桌使用窄拉柜，不占空间，且由上而下可以清楚分层，依瓶罐高矮置放，好拿又不易倾倒。在更衣室通往主卧浴室的交界区，增设毛巾、浴巾柜，梳妆桌旁抽屉柜用来摆放沐浴换洗衣物，上方透气百叶门可先暂放穿过未洗的衣服。

Point 4

主卧浴室

连接更衣室，直立柜+面盆柜创造最大收物量。

1

面盆柜区，在镜面下规划层板，可放漱口杯、牙刷等物件，面盆柜结合层板与抽屉，抽屉区可以摆放化妆台之外的身体保养品、吹风机等物件。

结合面盆柜的高柜，分上层柜、下抽屉，可作为沐浴用品、卫生用品等备品置放区，中间为无门板格层，可放待用浴巾、毛巾等物。

Point 5

女儿房

私人世界，收罗衣物之外也收纳工作物件。

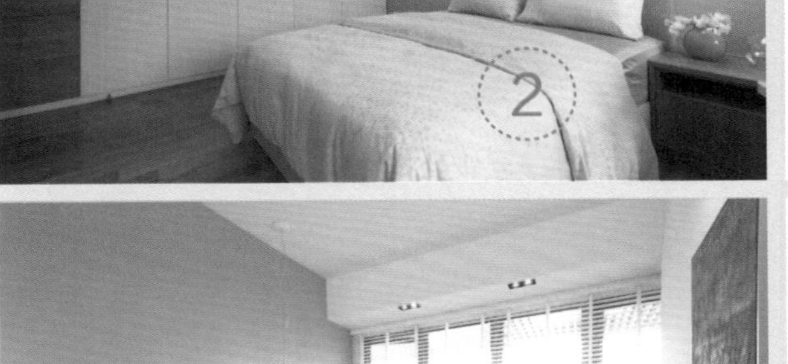

1

因为需要吊挂的衣物多，女儿房衣柜的双开柜以上下双吊杆为主。大衣柜除了对开柜，另外还有单门柜，下方抽屉可放置折叠的衣物和包。最上方为上掀式储物柜。

2

文具用品，可收纳进工作桌抽屉，一体成形的书桌下柜预留插座，可摆放打印机等设备。

3

床头柜分为两层增加置物空间，下拉门能遮掩凌乱感，床下大抽屉则方便收纳工作需要的教学道具。

一开始就做对

case

小屋收纳好，52平方米胜过80平方米

鞋柜藏入餐柜，家具帮忙收纳，打造收纳物件也收服人心的家

住宅类型：楼层公寓　面积：52平方米　家族成员：夫妻、一个小孩
空间配置：玄关、餐厅、厨房、主卧、儿童房、卫浴
使用建材：德国超耐磨地板、系统板材、大理石、实木贴皮、定制铁件

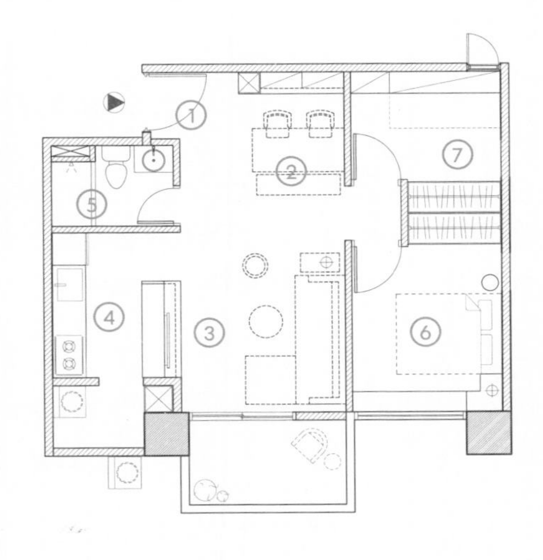

家收纳，分区做——

A 拉抽鞋柜。鞋柜、餐柜共用，进门处规划一个双面柜，借用餐柜下方，侧面规划拉抽式鞋柜。

B 辅助餐柜。以餐柜为餐厅区定位，结合隐藏式吊柜、开放台面、抽屉，收藏较少使用的餐具。

C 暗门卫浴。不只物件，可收纳也包含空间，紧邻餐区的卫浴，考量用餐感受，通过暗门让墙门一体，收于无形。

D 双向柜体。将厨房与客厅的隔间打成矮墙，改用双向柜，以电视柜、抽屉柜、吊架区隔空间，双向使用。

E 多功童区。儿童房侧掀床可轻松收入柜中，让出宽阔的场地，成为游戏空间。

F 开放厨区。一字型厨房若空间许可，还可搭配另外采购的活动餐具柜，自行规划成类双 I 式的厨房空间。

这是一间设计给小家庭居住的样品屋，也是将我的收纳概念，从平面图完整展现在实体空间的收纳研究室。

帮房主设计规划，必须考虑他们的喜好、预算、需求等因素，而样品屋因为只锁定族群但没有特定的居住者，所以能把所有想做的收纳设计通通纳入这仅有52平方米的空间，呈现自己心目中最实用、最完美的收纳设计。

小屋好日子，会收纳的家很重要

这次的设定，是以现今家庭组合中，最常见的年轻夫妻与一个小孩为标准来设计的，通过有限的空间，让日后购买入住的房主可以具体看见在未来的居家生活中，每个角落的实用功能与内在秩序。

在小屋时代来临的现在，一家三口需要的不是大而无用的豪宅，而是能满足生活所需的好房子，小屋不只价格能让人易于购买，内部的收纳更是轻松生活的关键，如何做到小而够用，不产生“房子太小、东西不够放”的抱怨，这间样品屋能提供解答。

复合式柜体收纳，以“小平数”换“大空间”

这间小屋属于两室两厅的标准格局，碍于空间有限，没有规划独立玄关，但鞋子和鞋柜又不能摆放在大门外的公共空间，因此在进门处利用过道和柜体，制造出与室内空间有所区分的缓冲区。

可别小看这个小地方，以为放不了几双鞋，从柜子下方拉出的鞋柜兼穿鞋椅，像变魔术一样至少能放18双鞋，上方的层板侧柜还能再放22双以上，一共40双鞋的空间，对鞋量正常的三个人来说是绰绰有余了！

既然面积不大，就要想办法把空间做大，要做大空间就得保持眼不见为净，要眼不见为净就一定要尽量隐藏杂物，让家具都变成收纳工具！从进门玄关柜和餐柜的结合开始，就能一窥这所房子的收纳功能，复合式的柜体收纳，可以说是这个家的主题。

走到客厅，只看到两张小圆桌，几乎没有柜子的踪影，那要怎么收纳？答案就在沙发旁可掀开、当作收纳箱的脚凳，以及内凹洞设计的电视墙。所有公共空间的物品都能被藏到这些地方，用得到却看不到！当视线不受杂物阻碍，空间自然就放大了。

1 客餐厅采用开放式设计，客厅沙发下方可收纳杂物，餐厅则使用与鞋柜共用的餐柜储物，落实分区收纳的概念。
2 客厅的定制沙发掀开可作为收纳箱，沙发旁的音箱也可充当临时小桌子，家具和设备都是收纳帮手。
3 客厅与厨房以矮墙区隔，一面是电视墙兼展示柜，另一面则是延伸厨具收纳功能的矮柜，上方吊架亦可供两空间使用。
4 餐厅收纳就靠后方的餐柜，门板柜、层板、抽屉集合了所有物品的收纳需求，中段还设计了平台，方便摆放常用的小家电。

1

客厅+餐厅
Living room+ Dining room

2

3

4

小心机——省钱省空间，连床都能收

公认物品数量最多的厨房，因碍于空间限制，除了一字型厨具之外，可再添购一个矮柜搭配使用，延伸并辅助厨房收纳，部分餐具分散到餐厅的餐柜，厨房就不会因被塞得满而爆炸了。

至于衣物最多的卧室，为了节省空间，衣柜主要采用吊杆，另视需求和衣柜所剩的空间，再搭配现成的收纳抽屉盒。比起层板，能依尺寸挑选适合的大小抽屉盒，反而更具调整弹性，增加使用效率。而儿童房里，将床隐藏至墙柜中的概念，是让单一空间除了睡眠之外，还有机会扩大成为游戏空间的方式，尽管空间不到10平方米，大型衣柜与单人床一应俱全。

52平方米的空间能拥有什么？玄关、餐厅、厨房、客厅、浴室，以及两个卧室！并且在不同角落都有足量的收纳规划，我想比它多30平方米的房子也不过如此。面积之于收纳也许是优势，但生活功能的切割与安排，以及将生活所需的物件具体计算，或许才是最重要的。

1、2　厨房过道若是跨距够宽，增加辅助柜收纳，预算会更节省。

1

2

厨房
Kitchen

浴室 Bathroom

1 浴室刚好面对餐厅，因此将门与墙面融为一体，推开暗门就能看到干湿分离的卫浴空间。
2 洗手台下方选择搭配浴柜，多了收纳空间也能遮掩水管线路，面盆周围还多了可摆放小物的台面。
3 主卧以床头柜结合窗边矮柜的方式达到收纳功能，卧榻下方为可摆放折叠衣物的抽屉，弥补衣柜的空间不足。
4 儿童房设计了可收纳的侧掀床，并运用树枝造型衣帽架点缀房间的童趣，同时也让孩子养成随手将衣物归位的习惯。

1

2

卧室 Bedroom

3 4

recommend

设计师收纳心得

1. 用家具做收纳：只有两室的小面积格局，适合利用功能型家具辅助收纳。像是沙发、床铺等。
2. 美形结合功能：床可以收起成为画板，窗台椅可以成为柜子与用餐托盘，功能不一定单调呆板，也可以结合趣味与美感。
3. 一柜多层次，充分利用：柜子除了双面设计满足两个空间外，单一柜体内部规划也分为隐藏层架、开放层架、抽屉等多元收藏方式方便好用。
4. 小空间，80%隐藏设计：在空间小的条件下，物品展示以2：8为主，80%的物品要尽量藏起来空间感才不会被压缩。

Point 1

玄关

抽拉式鞋柜结合穿鞋椅，收放自如。

1 门板式侧柜，位于餐柜镜子后方，层板可上下调整，置放22 ~ 28双鞋，或是作为进门放包包、钥匙、随身零钱、发票的柜子。

2 鞋柜位于餐柜的50厘米处，可伸缩抽拉，平日不用时隐藏至柜中，拉出还能兼做穿鞋椅，下方可放18 ~ 27双鞋。

Point 2

餐厅

餐柜、鞋柜共用，
餐具、小家电都放好。

1

餐柜主功能位于50厘米以上，最上方以门板柜为主，平日不用的小家电或餐具可先不拆封收藏。

3

餐柜50 ~ 100厘米处以抽屉柜为主，台面下规划了抽屉，可摆放餐具、餐巾等用餐会使用到的物品，可就近拿取，不用再绕到厨房。此外，也可部分作为家中的医药用品置放处。

2

餐柜层板，可用于展示杯组，平台可摆放咖啡机，与餐桌形成一个有品味的进餐空间。

Point 3

客厅

从电视墙到沙发，全都具有收纳功能。

定制款的脚凳掀开后即为收纳箱，里面可存放杂志或一些家用品的包装盒，让杂物有地方可藏，不用到处堆放。

电视墙以内凹镂空的手法制造收纳空间，隔板间距有大小之分，可依物品尺寸摆放。电视墙上方利用铁件制作上吊架，可供客厅、厨房共用，DVD、书籍、红酒都能放置于此。

电视墙后方以定制家具柜作为厨具的延伸，抽屉、层板可满足不同的厨房用品收纳，不怕厨具放不下。

Point 4

主卧

床头柜结合窗边卧榻，实用、休闲兼具。

夫妻共用的衣柜依照男女需求而有细节不同，右柜主要以吊挂为主（吊杆与裤架），另有一薄型抽屉，可摆放小东西。

左侧窄柜则针对数量不多的长洋装和长大衣而规划，预留135厘米，下方则安排了抽屉，让折叠衣物也有地方摆放。

窗边卧榻下方设计了深抽屉柜，可放折叠好的衣物或薄被、毯子等，旁边延伸处还能作为泡茶区。

Point 5

儿童房

隐形的床铺，收起来就不见了。

可收纳的侧掀床，底部是涂鸦玻璃，床收起时可当孩子的游戏区，完全不占使用空间。

3

壁式挂钩，选用和衣柜门板同款的造型，增加儿童房的吊挂功能。

与床结合在一起的置物层架，可以让孩子将心爱的作品或是玩具在此展示，下方则可放张小凳或小桌子。

衣柜依照孩子的身高调整内部五金位置，吊杆在下、层板在上，方便孩子自行拿取衣物，养成收纳习惯。

衣柜侧边窄柜全以层板规划，方便日后调整，初期可以使用收纳盒让孩子放玩具，日后可拆移置放多层活动抽屉，甚至还可加吊杆。

6

树造形挂架，除了增加空间的趣味，还可以让孩子将外套、帽子，甚至于小包包都放在上面。

case

我的收纳启蒙，装修七年，如今仍像新家一样整齐！

用经营企业的办法，把居家收纳组织化

住宅类型：楼层公寓　面积：330平方米　家族成员：夫妻、管家
空间配置：玄关、客厅、泡茶区、餐厅、书房、主卧、更衣室、卫浴
使用建材：抛光石英砖、实木贴皮、实木地板、定制家具

1 玄关
2 客厅
3 书房
4 餐厅
5 厨房
6 和室
7 主卧
8 更衣室
9 主卧浴室
10 后阳台

家收纳，分区做 ——

A 独立玄关。抽屉放钥匙和室内鞋，层柜以鞋为主，也能摆放雨具。

B 餐厅过道储物柜。以木制储物柜作为隔断，三个面向皆可收纳，餐厅入口处放藏酒，餐厅内侧柜放行李箱，通往主卧过道柜内嵌对讲机。

C 半开放书房。半高电视柜后方为书房资料柜，同时置放视听设备。书房以ㄇ型柜体包围成资料与书收藏处。

D 主卧过道区。通往主卧的过道里设置家中的杂物、药物柜。

E 客浴区。特别将毛巾、浴巾都收放在紧邻客浴外的大型柜体中，方便盥洗取用。

过道设柜随手放

毛巾柜设浴室外

每次一提到收纳，我一定会特别介绍这个家，因为它的女主人可以说是我的收纳启蒙老师。虽然这个空间是我规划的，但女主人一开始就很清楚自己的需求，完工之后，虽然有大量物品进驻，但每样东西都各得其位，让我十分佩服。

不说一定看不出来，我受委托装修这个家，已经是7年前的事了，如今看起来却犹如新家一样整齐清爽。环顾一下所有空间，除了规划配置好的家具、柜体之外，几乎没有“迷路”的物品“流浪在外”。

帮每天都要做的事找出流畅的标准操作程序

处女座的女主人，也许天生有一点要求完美的性格，但她主要的“收纳天分”是受父母的影响。由于父母是日式教育出身，从小家中的东西就分类明确、物有所归，在不自觉中奠定了她收纳概念的根基，甚至影响到日后的工作方式与态度，在她身上我领悟到，收纳其实是一种家教。

对于大家都觉得是难事的“收纳”，女主人却认为是很自然的事，在几百平的住房中，女主人把“收纳”这件事组织化，把经营公司的理念运用在居家生活上，事先设想、规划好，理出一套容易依循的标准操作程序。

因为不希望变成物品奴隶，所以一切以人的习性作为设计基础，首先，她先观察、了解自己与先生的平日生活习惯，再进行空间的规划与设计。当空间的大方向定了，再从细节下手。举例来说，女主人不喜欢台面上有零碎物，就连牙刷、牙膏也不放在盥洗台上，因此就在浴柜里面设计杯架收放；男主人有脱下手表随手放的习惯，于是在更衣室里添置一个小竹篮，让他有一个能随手放但集中收纳的地方，美观并且解决了物品散乱的问题。

许多人或许以为，面积大的家有足够空间多做柜子，一定不会乱。眼前的这个家，的确面积够大、柜量也够多，但大家一定不知道，如果没有替物品找到真正的“家”，空间越大，灾难也就越大！

就从玄关来说，约7平方米的空间、大面柜墙完全可以收纳家中的外出鞋、室内鞋，以及雨具，并落实分区定位。虽然这个家“舍弃”较“收纳”占比少，但“分类”和“归位”才是绝对关键。

1

2

玄关 Entrance

1 玄关鞋柜将外出鞋、室内拖鞋分区摆放，并规划收纳雨伞的吊杆区，出入家门都方便拿取。

2 客厅和书房以电视矮墙区分。整面柜墙结合了收纳柜与电视墙的功能，亦有助空间感的延伸。

3 经常使用的泡茶区，一旁就有附设水槽的置物柜，方便收纳及洗涤。柜子收纳茶具、茶叶等，并依种类区分不同抽屉放置。

4 电视后方成为书房的收纳柜。书柜分为层板与抽屉两部分，排列整齐的书籍和零碎的杂物都有家可归。

3

客厅 Living room

书房 Study room

4

把柜子当作隔断，统整空间也能增加收纳量

务实的精神也可以从这个家里窥见。无论是电视墙柜或是餐厅、过道柜，作为隔断用的，同时也是最最实用的柜子。厚实的电视墙肩负着书房与客厅的区隔效用，但后方同时也是书柜与视听柜，收纳量大的柜体，足以摆放房主大量的工作文件。介于餐厅与通往主卧的过道，也是利用了大型高柜，划分出两个空间，并充分利用柜子的大容量，让朋友馈赠的大量藏酒，以及男主人出国洽谈业务的大小行李箱有了适合的容身之地。

开阔的主卧室，同时划分成四大区块，独立的更衣室里顺应男、女主人工作需求，以吊挂为主。化妆区和睡眠区则同样以木制柜区隔，并在床侧、床尾端运用大量抽屉，分格分层收纳贴身衣物与帕袜。偌大的主卧浴室属于放松型的大空间，双面盆双浴柜，让夫妇各自用品清楚分隔。

女主人笑着说："朋友来到我家，看到收拾得那么干净，都会开玩笑说，你先生一定过着'非人'的生活吧？"但真相其实是："他可是过着轻松的'飞人'生活！"

因为在居家空间里设计好了分类、归位的程序，男主人只要直接把物品放进规划好的位置即可，毫无压力，很难有让物品散乱在外的机会。女主人每次谈到这话题都十分开心，她说："定位好之后，每样东西都很好找，就算我不在家，家人也能找到需要的物品，真的太轻松了！"

餐厅
Dining room

1

2

3

4

浴室 Bathroom

厨房 Kitchen

5

6

卧室 Bedroom

1 利用梁下做柜，内嵌电视，靠墙处柜内规划大型物品储放区。
2 在厨房和餐厅的交界处，设置了收纳宾客使用的杯盘区域。
3 L型厨房，结合另一侧墙面厨柜，将料理区和电器用品区清楚划分。
4 16.5平方米的浴室，双镜双面盆柜，可两人同时使用。
5 主卧和化妆区以衣柜区隔，双面使用满足两个空间不同性质的物品收纳。
6 更衣室衣物以外出服为主，设置在主卧入门处。

recommend

房主收纳心得

Q1 在做分类前，是如何做到“舍弃”的呢？

A1 不要把整理用不到的东西想成是“丢掉”，换个角度思考，用“爱与珍惜”的观念，做每一次的舍弃，把这些自己不用的物品转送给适合的人或机构，让它们能继续发挥使用价值，不但不占用自己家里的空间，也不会有“浪费”的负担感。

Q2 家人如果很难改变“乱丢”的习惯，就无法做好收纳吗？

A2 回家应该是最放松的事，但如果一直惦记着“东西没放好就会被骂”，那无形的压力就大了！其实只要依照他们“乱丢”的习惯，在“乱丢”的地方规划好收纳设计，例如：在丢钥匙的地方放一个收纳篮，动作还是一样，只是把本来的“乱丢”，变成“放好”，不需要强迫他们改变或适应就能解决问题。

家的
主题收纳

Point 1

玄关

柜中有细节，分隔清楚分类容易。

玄关柜分三大区：直立柜与上柜，主要收纳外出鞋，此外，直立柜中特别隔出一区摆放家中雨具。

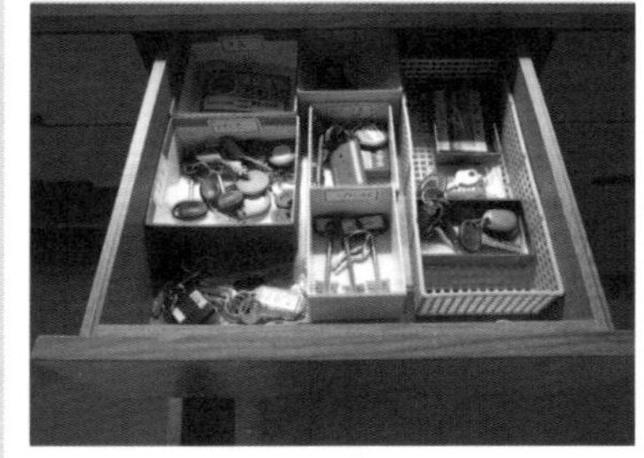

玄关柜的下柜区，上方抽屉收放家里的各种钥匙、杂物单据；对开门层板区将室内拖鞋整齐排列。

Point 2

书房+工作室

电视墙后方，ᑎ型柜环绕出的工作空间。

前方是大理石立面的电视墙，后方则是木格栅的视听文件柜。层板设计是依照房主的工作文件需求而做的，同时也可以将客厅电视所需的设备就近安置。

依大墙而立的书架区，一样以玻璃格栅拉门防尘，却又可以清楚看到书的摆设，此书区主要以收藏为主。

通往主卧的过道柜背面，提供给书房使用，摆放另一组小型的视听设备。书桌上，也特别规划出集线插座区，看不到乱乱的电线。

Point 3

过道区

双柜定位出的过道，也是设备药品的便利收纳区。

利用梁下作为酒柜，中段依照酒瓶高低分类摆放，上下段则存放礼盒、小工具等。另外，转往主卧的另一侧柜体则特别替对讲机安排了半隐藏式设计。

位于过道上的隔间柜，是居家的药品备用区，抽屉内运用现成收纳格放置常用药物、创可帖、软膏等，集中摆放不怕临时需要却找不到。

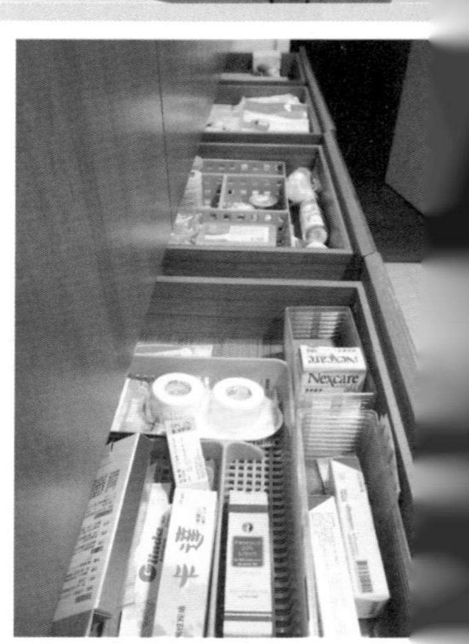

Point 4

餐厅

一桌两柜，大型物品与宾客用杯组都有去处。

收纳柜依行李箱大小分层规划高度，大型的行李箱、登机箱及旅行袋皆可统一管理。

对于访客多的家庭，餐柜的抽屉很适合依照风格、花色，一抽屉一套杯组摆放，和展示出来一样清楚方便。

Point 5

厨房

L 型厨具，结合一字型壁式电器柜，收纳动线俱佳。

1

厨具上吊柜以层板为主将同尺寸盘组叠放，为备用区，以备亲友人数较多时使用。

2

流理台将不同用途的抹布、调理器、纸巾以长挂杆吊挂成厨房工具区。水槽下方则以对开门柜收清洁用品。

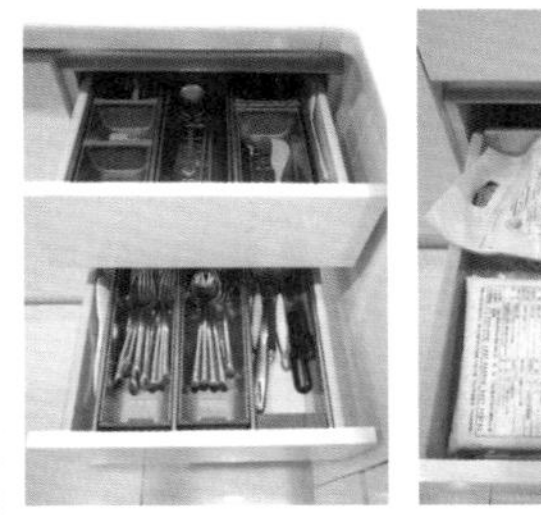

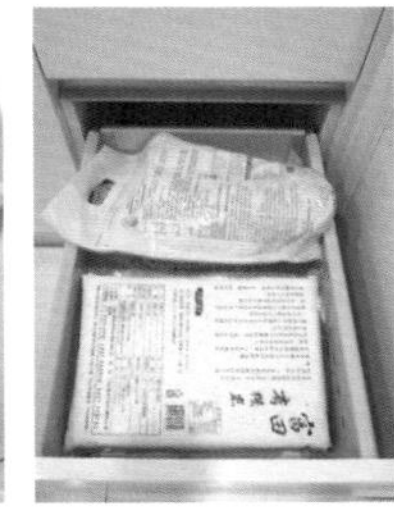

三层抽屉，分别摆放家人每天使用的餐具，最下层则放未拆封的米、谷物、干货。

4

L型的转角厨柜，以旋转篮解决转角深度置物不便的问题，同时也运用此抽屉区，摆放客人来时才会取用的餐具。因为用的频率少，不用时时整理。

燃气灶下方拉抽摆放锅具，两侧的薄型柜，一边摆放调味品，另一方摆放细长型的保鲜膜、密封袋。

电器柜设置隐藏式滑轨抽板，下方抽屉收纳家中常用的密封盒。冰箱内嵌入柜体中，略有突出之处以隔板做装饰，拉齐视线。冰箱内利用贴上有效期限的保鲜盒分类食材，并将同类的放在同一区，再依体积大小排列，方便好拿也不怕食物过期。

主卧墙柜以抽屉形式收纳较大的配件，像是厚的围巾、披肩等，直立摆放可看清楚花样、颜色。

Point 6

主卧

以抽屉为主，放柔软贴身衣物。

2 靠近床铺的抽屉柜以收纳袜子、居家服、手帕为主，符合下班回房更衣、出门最后要穿袜子的生活习惯，方便顺手拿取更换。

3 主卧入口除了更衣室，另一侧则利用卧室的转角空间，安排一个窄柜，可吊挂女主人的外套，下方浅抽则放折叠好的各式丝巾。

Point 7

更衣室

吊挂为主，抽屉层板区另有玄机。

1 更衣室，局部规划上层板、下抽屉柜区。中间利用衣柜抽屉夹层附设抽拉板方便折叠衣物，薄抽屉则分格放领带。

2 依照男女主人分区，以吊挂为主，并利用吊挂区下方空间添购收纳小抽屉置物，不浪费任何可利用的空间。

CH3

8种空间，这样选柜子，家才能真的收干净！

（场地/昌庭）

. 隐收纳 .

玄关

玄关——藏功一流的收纳门神！

空间型态决定柜子选用，鞋柜、衣帽柜的速配

玄关最重要的功能——收纳，在这个面积不大的区域里，除了要摆放从头到脚的物品，还得兼顾日常用品的堆放，不只便利性要高，由于物品较不统一，最好收纳还得做足隐藏，才能在正式踏入居家空间前，把不需要带进家里的杂物清空。然而不同屋型会造就不同形式的玄关，在柜体选用上，也因适用与顺手而有所差别。

壁面玄关，吊挂式设备助你一臂之力

小面积可用柜子制造玄关，但有些房子因为空间太小，就连多摆一个柜子都觉得拥挤。这样是不是就得完全舍弃玄关了呢？先别急着投降，因为就算不使用柜子，只要有一面墙，也照样有办法拥有“玄关功能”！

在壁面上利用各种挂钩、轻巧的薄型吊柜，就能挂外套、包、帽子、雨伞，还可以收纳一些鞋子。不只实现了鞋柜和衣帽柜的复合式功能，也不用担心会占掉原有面积让空间变小，而这些挂在墙上的物品，也刚好能当作壁面装饰，突显个人风格与品味。

无玄关居家，用格局和柜子达成功能

很多人会问:“大房子空间够，当然可以有玄关，但房子不大还要挪出空间规划玄关，不是很浪费吗？”正因为如此，现在很多100平方米以下的房子，几乎都没有玄关。不过这在知道玄关的重要性及功能性之后，“玄关浪费空间”的观点就会被推翻。对小面积的居家空间而言，虽然无法拥有完整空间规划玄关，但还是有办法利用格局本身的条件，比如摆放现成或定制家具柜作定位，达到玄关的功能性，所以即使空间再小，依然能够制造一个“无玄关空间，有玄关功能”的区块。

长玄关，避免柜体造成的空间压迫

长玄关虽然横向幅度足够，但相对也会产生过于窄长的问题，如果宽度也有限，玄关就会显得不够开阔，因此如何“拓宽”长玄关，是规划时的重点。玄关主要的收纳物以鞋子为主，一般人都会提出“鞋柜越大越好，最好全部做到顶”的要求，但是在长玄关里并不适合做满高柜。因为又大又高的柜体会使空间变得很压迫，人一走进来就会有种喘不过气的感觉，顿时失去回家的放松感。想要拓宽长玄关，不妨利用高低交错的柜体，满足收纳量的同时也照顾到空间。

独立玄关，火力强大的收纳区

独立玄关适合面积大、家庭成员多的居家空间，同时具备完整功能——鞋柜、衣帽柜和储藏室，一应俱全，所占空间也较大。因此家人可以先进行第一阶段的随身物收纳，通过大量储物的空间规划，在第一阶段完美拦截。即便是客人来访，脱下的外套也可以挂进衣帽柜，完全不让杂物有机会进入公共空间，避免任何可能的凌乱发生。

MUST KNOW

玄关柜的4个好用概念

Point
1
挪出总空间的2%规划

玄关不需要太大，但却能提升整个家的使用效率，165平方米以下的房子，自整体空间中拨出2%规划玄关即可。换句话说，100平方米的房子只要大概两平方米就够了，这两平方米的空间不但有助于收纳，也能维持居家的整齐干净，以面积效用比来换算，是非常划算的。

Point
2
玄关柜分上中下三段

玄关柜既然身负收纳的责任，在设计上就必须符合生活习惯，才能方便居住者使用。柜子可划分为上中下三段，上段以吊挂外套为主，并设放包的层板，中段可有摆放账单、发票或袜子的小抽屉，下段则可收纳雨伞、登机箱、高尔夫球具等。

Point

3

柜下悬空、镜面柜门最实用

位于出入口的玄关柜，除了收纳还得具备整理妆容的功能，因此柜子下方以悬空最佳，可将拖鞋放在柜子下，方便进出更换，平时也容易清扫；柜门可使用镜面，或在门板内挂上镜子，出门前就能轻松整装。

Point

4

长辈、小孩一定要有穿鞋椅

穿脱鞋子是每天会在玄关发生的事，大多数人可能都是站着，匆忙套上鞋子就出门，但长辈和小孩却是需要坐着穿鞋的，因此玄关柜可结合穿鞋椅，不只提供一个能好好穿鞋的地方，椅子下方亦可做为收纳柜或收纳架。

4种玄关柜型，收纳需求大不同

TYPE 1 壁面玄关

薄型吊柜+挂钩

若真遇到入门只有一道墙可利用，或是宽度只有90厘米的过道，一般都无处设置玄关柜，或是要因让出行走位置而压缩其宽度。此时，壁面玄关是最省空间的玄关设计，只要挑选适合的挂钩和薄型吊柜，家里的墙面就成了另类玄关。

挂钩和吊柜最好都是固定在墙上，承重才不会有太大问题。鞋子可以采用直插式收纳，仅需15厘米，比原本30厘米少了一半的深度，减少占用过道空间。

最上层的挂钩可以设在180厘米高度，伸手可及，下方也能灵活使用。（图片/宜家）

1 事先在入口处规划内凹空间嵌入柜体，没做到顶部是为了避免压迫，能放偶尔带出门的物品。
2 利用大门附近隔出衣帽间，只需1.6平方米，内部规划L型层板鞋架，收纳量大，还可放入推车或轮椅。

TYPE 2 无玄关

壁面内凹+活动衣帽鞋柜

想要有玄关收纳功能，可在进门的两旁或前方，直接利用柜体隔出玄关。最好是在格局规划时，在门旁边隔出衣帽间，或设计能嵌入玄关柜的内凹壁面，柜体深度最好有40厘米，让男鞋和包都能摆放。

矮柜+固定式高柜

对于原本就是固定格局的长玄关，避免狭隘感最直接的方法就是从视觉着手，大门入口先以矮柜打头阵，接着再设计高柜，先矮柜再高柜的组合，也符合日常生活的动线：进门先把钥匙和包放在矮柜上，再脱鞋换穿拖鞋，最后把鞋子放入鞋柜，流畅地完成收纳动作。搭配比例上，建议1/3 ~ 1/2为矮柜或穿鞋椅。

高柜的门可选择用镜面，放大空间的同时也兼具穿衣镜功能。要注意门板尺寸，通常长玄关过道宽度有限，考虑回旋空间，以40 ~ 45厘米的门板为佳。

1 进入玄关，先矮柜、再高柜的设计，能满足收纳量大的需求，也不会产生视觉压迫感。
2 高柜内以收纳鞋子的活动层板为主，层板间距高度约20厘米为最适宜。
3 选择实用性高的装饰碗置于矮柜平台上，方便收纳钥匙和零钱。

TYPE 4 独立玄关

鞋柜 + 衣帽柜（衣帽间）+ 储藏室

有着转换心情重要功能的独立玄关，展示和收纳功能同等重要。除了高柜，也要有一部分的矮柜或上下柜，可用于摆放装饰艺术品，最好能保留一部分壁面挂画。杂物就要采用大量门板和抽屉做隐藏式收纳。

运用层板、抽屉、矮柜互相搭配，形成多功能的独立玄关，空间状况许可下，划分出1.6平方米设置储藏室，更能提升玄关拦截杂物的强大功能。柜体内部依照所收的物品做层板规划，除了鞋子、外套，还能挂伞、放安全帽。抽屉可以放小物品或账单，卫生纸等生活用品则收入门板收纳柜内。

1 依照所要收纳的物品大小，柜体内部以层板划分出不同尺寸的格子，井然有序。
2 独立玄关空间，在衣帽柜旁边以暗门再设置一间储藏室，采买回来的生活用品都能顺手收纳。
3 衣帽柜与鞋柜结合的设计，上下门板分开，避免气味干扰。

（图片 / 无印良品）

. 弱收纳 .

客厅

1 尽可能不要让电视柜抢用客厅的空间，特别是目前面积有限，客厅跨距较小的住宅。

2 客厅与餐厅柜体共用，不让家里处处是柜。

客厅——情感空间，东西越少越好

先从电视墙柜下手，整合空间的同时也整合收纳

为了把空间留给居住者使用，客厅的收纳越少越好，一来可以加大视觉开阔感，二来也腾出更多空间供家人活动、交流。

客厅最常见的物品就是视听设备，而设备的线路往往是造成居家杂乱的主因之一，收纳主要也以这些设备及其线路为主，因此，对于电视墙的规划，柜子的尺寸大小、内部线槽的设计等都是重点。

用电视墙面做收纳，藏多露少

在设计电视墙时，首先要知道会有哪些设备，以及所有设备的尺寸大小，才不致发生最后放不进去的状况。同时，预留约5厘米的散热空间。再来要把握“藏多露少”的原则，要有适度的门板遮挡才不显杂乱，而摆放设备的柜门板则应选择便于透视与遥控的玻璃材质。

客厅+书房vs.客厅+餐厅，共用储物柜

近来，客厅的用途不再只是单纯的客厅，还得兼具阅读、用餐、亲子活动等功能。

既然是没有分界的开放式公共空间，意味着不同功能的两种（或以上）空间要共用柜子收纳物品。这时收纳柜的设计，需要将伴随不同用途而来的物品特性、使用频率及拿取位置等因素全都纳入考虑。

许多家庭通常会将书房、餐厅与客厅整并在一起，这样的空间可以怎么做呢？

首先，柜子要以高柜为主，上层摆放书籍或较轻的、常用的餐具，下层放置视听设备；书桌则可规划在电视墙（或柜）旁边，嵌入墙内又不占空间。同一个柜子，全凭空间的整并而定，可以是视听柜+书柜，也可以是设备柜+餐具柜。

家具不只是风格造型，还能帮忙收纳

在客厅里，除了利用柜子收纳，在选择家具时，尽量挑选具备收纳功能的款式。

可选用下方有大抽屉，可堆放杂物的沙发，或是四边有大小抽屉可摆放杂志、茶具或生活小物品的茶几；如果觉得固定式的茶几太占位置，可选择活动型的边几，平常靠放在沙发旁亦可置物。

除了体积大的家具之外，小体积的收纳盒也是客厅收纳的好帮手，挑选尺寸规格化、颜色与居家风格相符的款式，可用来摆放遥控器等零碎物品，不会七零八落地散乱在沙发或茶几上，无形中让生活更轻松便利。

MUST KNOW

电视墙柜的4个好用概念

Point

1

客厅空间宜大，至少占居家的1/3

客厅属于全家人共用的公共空间，在占比上来说会是比较大的，约为整体空间的1/3，也可以和餐厨区结合，扩大至1/2。当客厅空间大时，房间相对较小，也能“强迫”家人不待在自己房间，多多出来与其他人聊天、互动。

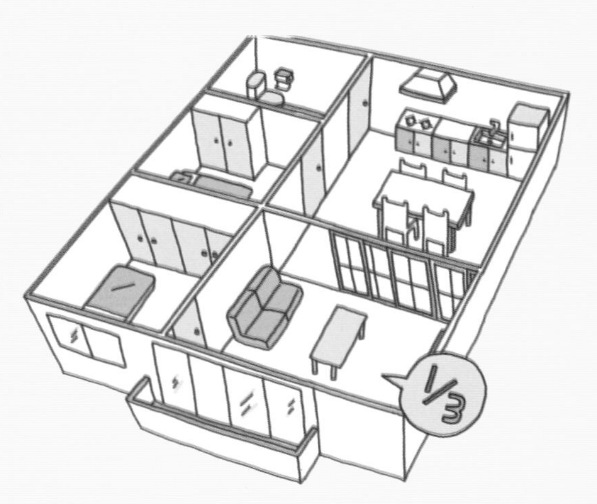

Point

2

先决定设备数量与尺寸，再设计柜子

视听设备和线路是客厅收纳的主要重点，如果地上布满了设备的电线，不但看起来乱，居家安全也令人担忧。在制作电视柜时，应先决定好电视及各式设备，确定尺寸之后再设计柜子，量身订做才能收放得好，反之则容易一团混乱。

Point

3

电视柜抽屉设计，以浅抽为佳

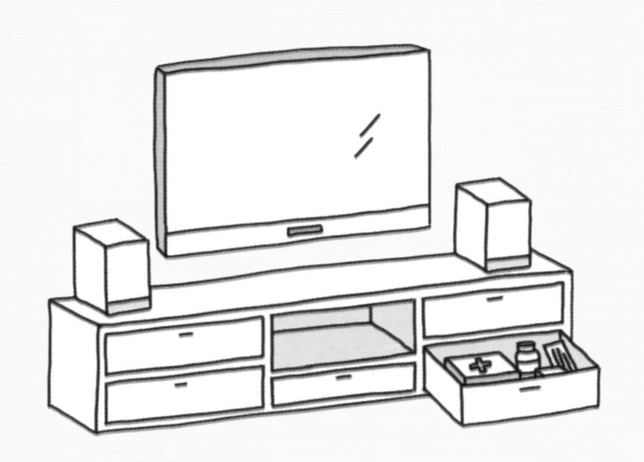

客厅的电视柜除了摆放电视和视听设备之外，一些居家常备用品，例如：药箱、工具箱、电器说明书、替换零件等也会一并收纳在这里，因此可以设计几个深度20厘米以内、适合放置小物件的浅抽屉，抽屉不要太深才能拿取方便。

Point

4

让电视也能被收纳，家人互动更密切

客厅与电视似乎已经画上等号，但是也因此让家人之间的交流变少了，甚至可能因想看的节目不同而争吵，在客厅不装电视的概念尚未普遍被接受前，不妨试试以投影仪和升降布幕代替，减少有形的电视形体，降低想开电视的欲望，增加家人间的互动。

4种电视墙柜，收纳需求大不同

高柜，收纳强但展示要注意美感

利用一整面墙的范围收纳，做空间最大值利用，适合空间有限、物品繁多，或是家中没有规划书房的房主。依照所收纳物品的尺寸，规划不同宽度的层板并搭配抽屉，如果想在客厅展示茶壶、杯盘，可以选择一部分用玻璃门板阻绝灰尘，但要注意可能会造成反光影响观看电视。这种形式虽然收纳量大，但造成的压迫感和看电视时的视觉干扰却也是最高的，最好掌握2/3附门板、1/3开放的比例，最上层采用开放式并尽量不要摆满物品，以减轻压迫。高柜一定要固定在墙上，承重才安全。

1、2 影音设备、CD、DVD、书籍、装饰品，通通借由一面墙的面积收纳。(图片/宜家)

半高柜，收纳美感平衡

客厅若空间不大，又高又厚的柜子就会产生压迫感，不妨以矮柜和半高柜组合，这样的形式适合收纳简单视听设备、适量的小收藏品，用浅层板的薄型半高柜就能兼顾需求与空间感。至于下方矮柜，则以40厘米高的抽屉最适用，从CD到书等杂物都能放置，补足浅柜功能。

半高柜以不超过150厘米高为佳，不但视觉比例合适、无压迫，也方便拿取。若是开放式，活动层板虽能照物品尺寸自由调整，但最好与旁边线条形成水平，更为整齐美观。如果想要制造轻盈感，也可以将半高柜采用悬挂式设计。

1 附门板与抽屉式设计，符合1/3外露、2/3隐藏的收纳原则。
2 延伸出一部分设计CD和书的展示架，与抽屉形成常用和不常用的区分概念。
3 即使是半高柜，也可以有充足的收纳规划。（图片/无印良品）

矮柜，收纳较弱美感一般

和无柜体电视墙比起来，多了下方帮助收纳一般基本设备、外加一些日常物品的矮柜，属于最方便也最大众化的方式，有许多现成的种类可以挑选。当然线路一样得事先规划，不过日后若要增加设备，会比无柜体电视墙更为方便。但美感一般，很难再提升。要注意保持台面净空，不要随手堆东西。

一般矮柜长度选择2.3米刚好，15 ~ 20厘米高的薄抽最适用，放电池和DVD这些属于客厅的小物品。空间宽敞的话，选用3米的矮柜，可以深浅抽互相搭配，收纳较多种类。

1 视空间条件与收纳物品选择矮柜尺寸，图中矮柜还收纳了卡拉OK设备。
2 电视矮柜只露出机器接受遥控的部分，其余尽量以抽屉隐藏收纳。

造型墙，简洁利落零收纳

无柜体的电视墙，正面就是一道干净利落的完整墙面，完全不受收纳功能干扰，最能呈现简约美感和现代风格，适合设备精简，或使用高科技产品的年轻族群。如果除了电视本身，还有基础的影音播放器或者其他小巧设备，则要借用附近的柜体，或是独立电视墙后方做借位收纳。

简约美观是其最大优点，但日后若要增加设备却相对麻烦，尤其在电线、网线等线路已规划进墙内（设备线槽），表面无任何柜体可以遮蔽预留插座、或新增电线的情况下，因此规划设计时一定要事先定好设备。

1 设备可以隐藏在独立电视墙后方收纳墙体内，至少需要50厘米的厚度。
2 墙面本身不具收纳功能，设备可以向旁边的柜体借位收纳。

. 协力收纳 .

餐厅

1 餐厅若使用较高的餐柜，可以选择上方具有展示感的玻璃门板柜。(图片/宜家)
2 餐桌后方的抽屉柜可摆放日常小物，如眼镜、药品等，坐在餐桌旁一转身就能取得。
3 靠窗的早餐餐桌，除了边柜，小沙发下方就是收纳抽屉。

餐厅——餐具、零食以及书籍都可包容

餐柜的多元展示与隐蔽，让餐桌功能更强大

没有餐厅的居家，基本上就少了“家”的样子。其实，餐厅空间比你想的更实用，不同型态的设定，除了饮食之外，也可以成为工作与聊天的延伸之地。

吧台型餐厅

在面积小的居家空间里，有时真的很难拥有一个独立的餐厅区域，因此有了从厨具延伸而来的吧台型餐厅。这种形式的餐厅优点是不占空间，但相对的，器具必须精简，规格也得小巧，完整度和齐全性都较差一些，适用以轻食、外卖为主的族群。虽然如此，吧台型餐厅却具有独特的悠闲气氛，且方便性高，随意坐着就能吃水果、喝咖啡、聊聊天、发发呆，休闲又轻松。

其实吧台型餐厅并不只适用于小空间，以现代人的生活形态而言，各种面积的居家空间都可以规划一个小吧台，简单吃个早餐，惬意地喝着咖啡休息，一个人放空阅读，或和家人朋友坐着谈心，日常生活全围绕着这个小小的吧台，更能拉近彼此的距离。

常态型餐厅

常态型餐厅其实就是普遍常见的标准型餐厅，适合会在家开伙、常常回家吃饭的族群，这种类型的餐厅基本上有三大元素：由餐桌、餐椅和餐柜组合而成，但随着空间面积大小、格局形式的不同，三者的尺寸也必须有所差异。依照大、中、小面积，餐桌的尺寸可参考如下：

. 大面积→餐桌长210厘米 × 宽90厘米以上

. 中面积→餐桌长180厘米 × 宽90厘米（一般标准尺寸）

. 小面积→餐桌长150厘米 × 宽75厘米

共读型餐厅

共读型餐厅最适合家中有孩子的家庭，小学三年级前，孩子需要父母亲大量的陪伴，而不是一个人待在房间里，所以餐厅除在用餐时间之外，会成为亲子活动的主要区域，一起看书、画画、讲故事、玩玩具，听着孩子的童言童语，了解他们的内心世界，餐厅散发出的温馨氛围，就是最美好的居家写照。

由于桌子是属于亲子共用的，在高度上必须照顾孩子的身高，大约比一般桌子降低5厘米（约45厘米）为佳，使用起来不碍手，视觉上更有休闲气息。

MUST KNOW

餐柜的 4 个好用概念

Point

1

三合一餐柜很好用

即便餐厅再小，也一定要有一个结合家电柜的餐柜！柜子的设计形式以上下柜、中间镂空为主，上柜摆放杯盘、干粮和零食，下柜可作为储物柜支援客厅收纳的不足，中间内凹平台则放置电锅、咖啡机等小家电，一柜兼具三种功能，是餐厅里的居家必备品。

Point

2

抽屉不可单一尺寸

餐厅里的物品大多尺寸不一，并不适宜外露在层板架上，最适合抽屉收纳使用，但抽屉的尺寸不能只有一种，而要以深抽、浅抽搭配使用，高度12 ~ 18厘米的浅抽可以摆放小汤匙、杯垫、餐巾纸等，25厘米以上的深抽则可放置保鲜盒。

Point

3

杯盘的收纳展示有方法

家中收藏的杯盘若想要展示出来，除了美观之外，也得考虑如何在柜中创造最大的收纳量。通过同尺寸、同套组的杯盘往上堆叠，不仅充分运用原有台面，也争取利用上方的空间。

Point

4

柜子规划以数量多者为主

在设计餐柜之前，先思考有哪些物品是要摆放入内的，分好类再依照使用频率上下分层收纳，日后才会好收好拿；柜子内的设计，应以数量多的物品为主。

以酒柜为例，一般都会联想到平躺式红酒架，但若平时多喝酒瓶高、适合直立摆放的冰酒，柜内并不需要为了几瓶红酒而增设红酒架，设计应“少数配合多数”。

3种餐柜，收纳需求大不同

TYPE
1
吧台型

厨柜＋内嵌设备

吧台不只取代餐桌，台面嵌入电陶炉或水槽，可提升一字型厨房的使用便利性。利用下方空间增加功能。若是由厨具延伸的吧台，分为对内与对外，分别辅助厨房与客厅。

对内划出一区设计适当高度的层板，例如最上层小隔板放调味料，下层大隔板收纳锅具碗盘。旁边一区放置厨余、分类回收桶，随手就能保持整齐美观。对外的一侧，必须内缩15 ~ 20厘米摆放双脚，如果长度足够，则可利用为影音柜或书架，辅助客厅。

1 长度够的吧台，也能切割一部分成为对外的影音柜。
2 吧台下方的空间利用，分别辅助厨房与客厅的收纳。
3 长桌型吧台更适合洽谈与在家工作，由于和荧幕结合，桌下隔板后方，可规划设备置放处。（场地/慕达家具）

1

TYPE

2

常态型

餐桌＋餐柜

常用的餐柜形式可分为两种，主要的功能在于辅助厨房收纳及展示：

A玻璃柜＋收纳柜：上柜以透明玻璃门板柜为主，内有层架可展示收藏的杯盘组；下柜以遮蔽式门板柜为主，存放日常杂物或厨房用品。

B上下柜＋中空平台：如果没有杯盘收藏，上柜可设计为层板柜，作为摆放零食的干粮区；下柜以抽屉为主，收纳平时使用的杯子、茶具等器皿；中间的内凹镂空平台，则可摆放咖啡机、面纸盒或一些摆饰品，当作简单的工作台面及置物台。

2

1 上下柜＋中空平台的餐柜，也能延伸结合电器柜。
2 餐柜能分担厨房的收纳，也兼具展示漂亮杯盘的功能。

长桌+多功能收纳柜

提供方便的阅读和用餐功能是共读型餐厅的重点诉求，除了需要一张使用弹性大的长桌，结合餐柜与书柜的多功能收纳柜，更是检测共读餐厅好不好用、收纳是否顺手、美观的设计关键。

书籍和碗盘等餐具若一起在柜子上陈列会有所冲突，因此掌握“书籍开放陈列、文件与餐具隐藏收纳”原则，规划上方开放层板书架，下方抽屉与门板柜结合的餐柜，依照物品大小收拾餐具。在少了书房的情况下，餐厅摆设书籍能营造书香气氛。

1-1、1-2 长桌的一端设置电视书柜，另一区则书柜结合餐柜。

2 上方开放陈列书籍，下方当作餐柜和零食柜，不相冲突。

（场地/昌庭）

. 强收纳 .

厨房

1、2　抽拉式的零食柜，以及隐藏式冰箱，可以让空间更整洁。

厨房——把家收纳好的主力空间！

上层架、下抽屉，依格局形式规划收纳

厨房是居家生活的重心，亦是展现生活品质的主力空间，透露出居住者对于生活享受的满意程度。然而厨房的大小并没有固定的空间占比标准，即使小空间也可以拥有大厨房，完全随个人重视度及需求而异。

厨房内的物品、小物件繁多，因此厨房收纳除了利用厨具内的各种配件之外，一定要清楚掌握物品尺寸，并针对“尺寸”加强分类，才不致产生要使用时找不到的状况。

一字型厨房

一字型厨房通常适用于小面积，碍于空间有限，只能利用一排厨具解决吃的需求，或是针对饮食倾向轻食的群体，因为需求相对简单，不需要太大空间即可满足煎煮炒炸等多元烹饪方式。

一字型厨房的标准配备为：冰箱、水槽、炉子。一般来说，在水槽上或下方会再配有烘碗机，炉子上方则有抽油烟机。以尺寸来看，由于空间小，所有品项以小规格为佳，厨具长度则不要超过240厘米，以免距离太远洗切时水滴得满地都是。水槽和炉子之间的台面距离不能过短，以方便备料使用。

多排型厨房

多排型厨房可分为双排型和三排型，其中双排型厨房最为经济实用，三排型则是国外常见的梦幻厨房代表，特色在于，在厨房工作时，只要转身就能做另一件事，不会手忙脚乱，就算两人同时使用厨房也不会互相干扰。三排型厨房因为符合人们行进习惯，料理步骤可以一气呵成，烹饪过程更为流畅、顺利。

L型厨房

L型厨房是一字型厨房的延伸，当厨房面积稍大，但规划成多排型厨房又太小的情况下，顺应空间条件，从一字型再转个弯扩展为L型，既增加使用及储物范围之余，也多了能摆放小家电的台面，整体而言，收纳效率是被提升的。然而在L型的转角处，如果内部空间过于狭小、门板开合有困难，也容易变成浪费空间的无用死角，是规划时必须留意的细节。

中岛型厨房

属于开放式厨房的中岛型厨房，台面使用范围大，虽然相对设备器具多，但比起其他厨房类型，收纳空间足够使用，餐具、杯盘、食物都可以置放在厨房，不再需要客厅或餐厅的收纳柜分担储物量。

一般来说，面积大的房子更方便规划中岛型厨房，但对有特殊需求、喜欢下厨、愿意舍弃其他空间的房主而言，只要挪出10平方米就可以拥有一个中岛型厨房。

MUST KNOW

厨柜的4个好用概念

Point
1
厨具规格化助收纳

厨房里的物件品种很多，在收纳上需要利用配件辅助，如餐具分隔板、保鲜盒等。因此，厨具最好避免使用特殊尺寸，以30厘米、60厘米、90厘米的规格化尺寸搭配组合，一来可适应空间弹性组装，二来日后若要更换内部器具，也容易找到配件套用。

Point
2
做好物品分类

尺寸不一的厨房用品，如果没有做好分类，经常会产生要用时翻箱倒柜找不到的窘境。因此，一定要先把物品依照尺寸分类，再规划摆放的位置，如餐具、碗盘、锅具等，以深浅抽收纳；调味料等较高的物品，则摆放在厨柜下层。清楚明了又顺手好拿。

Point

3

动线影响收纳顺手度

厨房的使用动线很重要，若动线设计不流畅，会直接影响收纳效率。厨房动线的最佳安排为：冰箱→水槽→炉子，从冰箱拿出食材至水槽清洗，不需使用的顺手就可放回冰箱，待处理好之后再烹调，使用后的锅即可放到旁边水槽清洗。动线顺畅，让人能随手完成收纳。

Point

4

烘碗机也能帮助收纳

清洗锅碗瓢盆是厨房必做的工作之一，为了节省碗盘晾干的时间，烘碗机已成了常见的设备。落地型比吊挂式更实用，只要规划一个60厘米×60厘米的空间，深度足够锅放入烘干，不用放在外面，造成视觉及空间上的混乱，且上方还能设计上吊柜增加收纳量，一举两得。

4种厨柜，收纳需求大不同

厨柜+吊杆

一字型小厨房里，上下柜间和两侧的壁面是不能放过的好地方，在不影响动线的前提下，可善用吊杆、挂钩、五金篮，吊挂常用的用具和抹布，或是加设一个折叠板作为备料台面。此外，还可以向上发展，在高度约180厘米处设置层板，摆放干粮、零食等较轻的物品。除了上下厨柜内部基本的收纳之外，有时还需要依靠矮柜，或餐厅的餐柜以加强收纳功能。

1 一字型的厨房，尽可能将上下柜做足，充分利用空间。
2 壁面善用吊杆，吊挂常用的厨房用具，既不占空间又方便。

1

2

深浅抽屉

双排型厨房下方的收纳分区，跟着台面上的功能走最顺手。水槽属于清洁功能，下方空间摆放清洁用品与分类垃圾桶。流理台面下，设大深抽专门置入高瓶身调味料。炉区负责烹调，最好规划三层由浅到深的抽屉，浅抽摆放刀叉匙筷、第二层中等抽屉收纳碗盘，最下层的深抽放置大型锅具。若有嵌入式大烤箱，则可在烤箱底层设适合放置锡箔纸、烘焙纸的薄抽。两排厨具间至少保留90厘米，才不会因为太窄而需要闪身开抽屉。

1 双排型厨房的水槽和炉子分处不同排，增加了台面使用空间。下方的收纳分区也更清楚。
2 将分类垃圾筒与抽屉结合。（图片/宜家）
3 L型的橱柜转折处刚好可以用来放置小家电，也等于多了收纳空间。厨具转角下方可使用拉篮辅助收纳，一点也不浪费死角空间。

直立式电器柜

多了短边的收纳空间，可以将电器柜与干粮区整合在一起，使厨房会用到的物品都能被便利拿取使用。建议不要将电器放置在高处，否则拿取热食容易烫伤，上层最好用来当作零食柜。L型台面上的直角处其实不太好利用，直接放置一个小家电是很实在的方式；下方厨柜内则可以利用转角辅助拉篮收纳。有些L型厨房设计水槽和炉区在不同边，记得下方收纳跟着台面功能走。

电器墙

随着人们近年来生活习惯改变，中岛厨房颇为流行。中岛厨房非常注重美观，因此台面下的收纳规划就非常重要。通常，中岛后面会搭配一整面的电器墙，收纳应分区掌握两大方向，即食物类收在电器墙，用品类收在中岛台面下，再根据功能进行小分类。电器墙除了电器外露，大部分最好用门板和抽屉把杂物藏起来。中岛的对外侧，下方可以内缩为吧台，也可以设收纳柜辅助餐厅、客厅，或是设计开放层板作为展示架。

1 中岛台面下的设计，亦可分为对内厨房收纳、对外为展示架。
2 类吧台的中岛，两面皆可收纳，对外取代餐柜摆放茶具、餐具，或是放置生活用品。

（场地/昌庭）

.杂物收纳.

浴室

1 浴柜规划别忘了适量的抽屉柜，小物一目了然。
2 镜柜选择有秘诀，左右对开方便化妆。（场地/昌庭）

浴室——瓶瓶罐罐与毛巾的汇集地
以不同面积思考浴柜的多寡配置

浴室是每个人至少每天早晚都一定会使用到的地方，待在里面的时间虽然不长，但使用频率却很高，如果环境、动线规划不好，心情可是会大受影响的！

浴室里的瓶瓶罐罐不少，是需要做好物品管理的收纳重地。虽然卫浴空间走向宽敞是居家设计的趋势，然而若是没有事先依照浴室的形式、面积大小，做好符合空间型态和生活习惯的收纳设计和物品掌控，浴室再大恐怕也会显得杂乱无章。

3平方米浴室，一样好收纳

所谓的标准型浴室，指的就是配有马桶、面盆、淋浴三件式的基本款，因为在整体空间有限的条件下，只能挪出大约3平方米来规划，不过可别小看这个仅有3平方米大的浴室，虽无法容纳浴缸等设备，但是在配置得宜的设计下，也可以选购属于小浴室的收纳设备，你会发现，哪怕只有3平方米也很够用了！

6.6平方米浴室，增加浴柜方便更衣

6.6平方米浴室为目前最为常见的大小，通常会加入浴缸设备，空间运用比最基本的3平方米多了更宽裕的收纳空间，但这并非意味着物品也可以理所当然跟着变多。审视自己的卫浴用品，是不是会发现洗面乳、洗发精、沐浴乳都超过一种以上？别忘了要控制卫浴用品在基本使用的数量内，此外，收纳用品的柜子不做满，才能让浴室感觉更宽敞明亮。

10平方米以上浴室，结合化妆室功能

当浴室空间有10平方米以上时，代表这个空间可以有更多可能，例如可以增添泡温泉、SPA、桑拿、阅读等享乐元素。更重要的是现代多为双薪家庭，男女主人早上都必须赶着出门，双面盆的设置也能提高生活效率；而职业女性通常又得化妆、卸妆，运用浴室收纳设计，整合梳妆用品，可以取代设在卧室的梳妆台。随着种种功能的加入，收纳方式也必须配合，才能达到最有效率的使用。

MUST KNOW

浴柜的 4 个好用概念

Point

1

架高，避免水渍沾染瓶罐

不少浴室空间中会出现将沐浴乳、洗发精直接放在地上的情况，然而潮湿的浴室容易产生霉斑，加上淋浴时地面上残留的水渍，会让瓶身滋生细菌。因此，使用层板或瓶罐架将沐浴用品离地架高置放较为合适。若再讲究些，还可以另外采购风格统一的容器，会让浴室更齐整。

Point

2

干区、半湿区，物件分区置放

浴室里会出现的不外乎是盥洗用品、卫生用品和梳整器具。在收纳时，得先考虑物件是否常会沾到水气。像牙膏牙刷、刮胡刀这类东西，属于半湿物品，需避免柜内收藏，得安排较通风的层架平台摆放，以便风干。至于保养品、卫生棉等则置放在干爽的柜内，避免弄湿造成变质。

Point

3
吊柜，小浴间好帮手

针对面积较小的浴室，吊柜的搭配可以说是小兵立大功，只需要壁面的小小角落，就比组合式五金架的收纳更为利落清爽。而对没有面盆柜的传统浴室，自行安装吊柜，是十分容易的事，在里面摆放吹风机、梳子等用品，免除杂乱，有的甚至可以在里面设置面纸盒抽取口，将卫生纸一并收纳好。

Point

4
结合柜体，面盆、镜面别错过

面盆和镜子是浴室里常用的卫浴设备，也是收纳好帮手！利用面盆下方及镜子后方的空间挑选面盆柜和镜柜。面盆柜可摆放吹风机和卫生用品，镜柜则可收纳保养品瓶罐，一点都不浪费空间。

3种浴柜组合，收纳需求大不同

小型面盆柜＋镜柜＋吊柜

浴室较小，得善用原本设备和壁面延伸出的收纳空间，才不会压缩到浴室。最能挖掘收纳功能的当属镜柜和面盆柜，镜柜只需15～18厘米，面盆柜则直接沿着洗手台向下发展，若家里有小朋友，可抬高约30厘米，放入小板凳，方便小孩垫高洗手。另外，善用空墙面或柜体侧面，拴上吊杆，使吊挂毛巾、浴巾、卷筒卫生纸更方便；马桶上方空间也可以加浅柜，用于收纳卫生用品。即使浴室只有3平方米，也应该想办法做干湿分离，所收纳的东西也不易发霉。

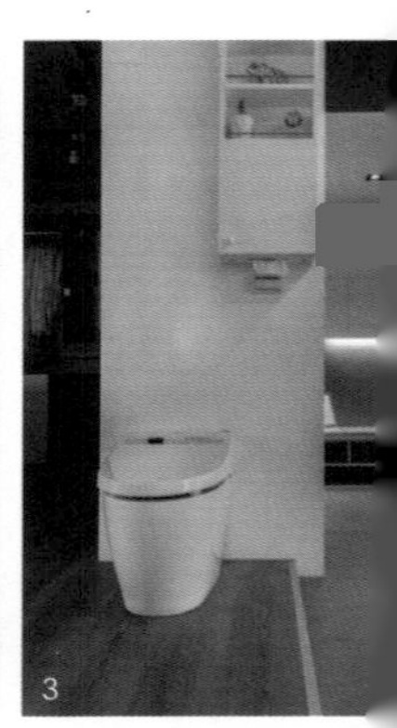

1 3平方米空间的浴室，面盆柜和镜柜最好用，不会多占空间。
2 分割面盆柜收纳空间，侧边可用来放卫生纸。（场地/昌庭）
3 马桶上方空间若够，小吊柜能帮忙增加收纳。（场地/昌庭）
4 利用壁面增设层架，也是小浴室的好帮手，此外，面盆下的柜体退缩，可让家中使用轮椅者盥洗更方便。

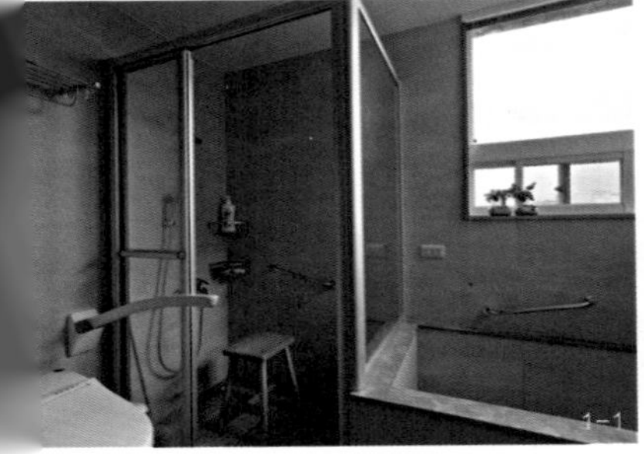

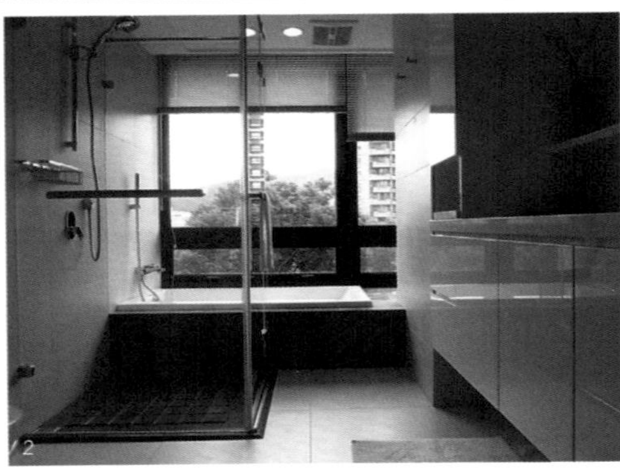

1-1、1-2 转角善用三角篮，增加淋浴区和浴缸区的置物空间。

2 可以利用延伸的洗手台面增加直立式浴柜，不会有独立柜体的庞大感。

3 调整活动层板，大小毛巾都能收，结合贴身衣物抽屉，增加洗澡便利。

TYPE

2

7平方米浴室

中型面盆柜＋直立浴柜

由于空间较大，面盆台面也能选择中型，使用起来更方便。此时台面下的面盆柜也增加了收纳空间。除了抽屉、门板柜，还可以配合深抽、开放层板的形式。建议利用延伸的台面做直立式浴柜，上方规划活动层板摆放大小毛巾，下方做浅抽，收纳贴身衣物，洗完澡就能直接换上，不会发生忘记拿的窘况。淋浴和浴缸区可以在墙角处使用三角篮，摆放沐浴乳、洗发精等，如果墙面能有10厘米内凹设计，当作置物区也是不占空间的做法。

双盆柜＋浅抽

双盆柜台面长度150 ~ 180厘米，能够清楚地以使用的人来分边收纳，最有条理。若要规划为化妆室功能，面盆柜最好以抽屉形式为主，依照保养品、化妆品的尺寸，设计高低不同的抽屉，分别收纳面霜、喷雾罐等。镜柜也很好利用，方便同时整装，浅镜柜也适合收纳各自的小用品。假如希望泡澡时阅读，可另外摆入放书报杂志的隔板或矮柜，浴缸边缘留30 ~ 40厘米宽的平台，作为放书、放杯子的地方。

1 双盆柜的分区收纳非常清楚，中间可以收纳共用物品。
2 大浴室的收纳足量即可，此外，浴缸旁设置宽平台，也可置物。

（图片/宜家）

. 多功能收纳 .

书房

1

2

3

1 书柜的层板切割采用不同尺寸，可以让大小不一的书齐整摆放。
2 书房不一定非得要有书桌，也可以家人互动主题来规划。
3 客厅后方的独立书房透过玻璃可直接透视，选用白色书柜，意在避免空间的色彩凌乱。

书房——把书和文件、设备文具好好放进来

只要书柜在，就算没隔间也能聚文气

关于书房，并不需要硬性划分专属空间，也可打破一定要有书桌的规定，但从家中找出一个适合的位置，让全家人能在此共读、共用绝对是必要的。不妨将电脑、网络也集中在这里，一方面让电器的辐射不进入卧室，另一方面也让孩子不整天待在房间上网，成为不与家人互动的宅男、宅女。

在书房的规划上，不妨从以下几个类型着手。

独立式书房，书籍展示、文件隐藏

如果你需要在家有属于自己的阅读空间，独立式书房最适合不过。

一般的独立式书房，往往是从公共空间尽可能切割出来的区域，面积不大，约10平方米，因此，书桌和书柜在位置设定，以及设计手法上都会特别处理。狭长型书房适合以∩型排列规划书桌与书柜，达到动线顺畅与面积的最佳利用。书桌长度则视使用人数设计。一般来说会利用长边设一道长桌供双人使用，后侧则规划整面书柜，短边搭配抽屉柜。若是方形书房，桌子摆放位置较自由，但得注意线路隐藏问题。

独立书房必须注意封闭感及压迫感，除了书柜把握“书籍展示、文件隐藏”的藏露比外，还可运用玻璃隔间适当的穿透性来缓解。

开放式书房，大面书墙展示书香

对于喜欢空间宽敞的人来说，和公共空间没有明显界线的书房，是最受欢迎的设计；对于家人之间互动频繁的家庭来说，可以共用不需要太多隐私的书房，是最贴近生活的设计，符合这些需求的设计，就是开放式书房！

通常于沙发后方摆上书桌书墙，或在餐厅书桌餐柜共用，是最常见的开放书房结合区域手法。开放式书房最大的特点，在于可以融入整个空间之中，大面积的书柜就成了设计重点，要保有柜体本身的置物功能，又得兼顾视觉、风格上的质感，书柜的收纳美感和造型变化，是开放式书房在设计上的最大挑战。

多功能式书房，弹性运用功能柜体

站在面积和房价成正比的角度上，书房如果只是单纯地拿来摆书、看书，平常使用频率并不高的情况下，老实说是非常浪费的，但若是能赋予书房其他功能，如客房、工作室等，发挥空间使用的最大值，是不是就划算多了呢？

在收纳功能的规划上，若书房兼客房时，需要有存放棉被、枕头和衣物的地方；书房兼工作室时，资料文件的数量会比书籍来得多，也会造成较多的凌乱感，书柜的设计就要有所改变，如此一来，书房就能像变色龙一样，随着环境需求想怎么变就怎么变！

MUST KNOW

书柜的4个好用概念

Point

1

书柜要有一定比例的门板

书柜的功能是收纳和展示，因此不建议设计为全部遮蔽隐藏，应该要有部分开放。虚实之间制造层次感与透视效果，但千万别以为完全开放会更有穿透感，因为书房会有零散的文具、棋类玩具等琐碎物品，甚至是较乱的档案文件，还是得藏进柜子里才不会显乱。

Point

2

设备也要好好收纳

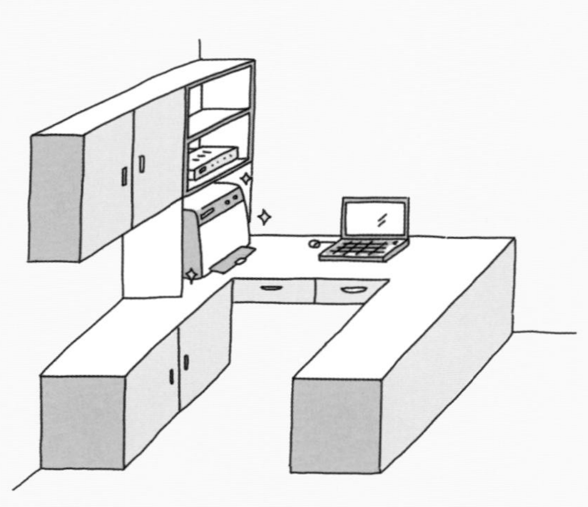

书房里会有电脑、打印机、影印机，甚至摄像机、路由器等设备，这些机器如果全部裸露在外，会造成视觉上的混乱。可以在书桌旁侧边制作一个侧柜，或在桌与边柜形成的凹槽处专门收纳机器，不仅统一集中管理，日后维修也方便。

Point

3

收纳盒选择同系列

没有门板的开放式书柜，可以运用收纳盒摆放一些杂物避免杂乱。如果担心美感不够，不会搭配，建议挑选同一系列或同调性的款式，一方面能维持视觉清爽，另一方面也防止乱买之后造成混乱的可能。

Point

4

收纳分类不用太细

分类是收纳的准备工作，先把物品分好类，之后的归位就会轻松许多，在书房物品的分类上，以“大项”为原则即可，例如，可分成“书籍”“文具”“玩具”“画具”等，除非数量很多，否则不需要再细分“剪刀”“尺”“铅笔”“中性笔”，分得过细又放不满，反而会造成浪费空间的困扰。

3种书柜组合，收纳需求大不同

抽屉书桌+层板+门板柜

先审视会摆在书房的东西，如果书籍占大多数，开放式层板就要较多。若是文件资料类多，例如从事财务、金融行业的房主，就适合大量附门板的收纳柜与深抽。整体来说，书桌下方最好要有深浅不同的两种抽屉，浅抽用来摆放文具，深抽则用来收纳文件袋与资料夹。书柜以层板和门板互搭为主，书外露于层板，常看的放置于好拿的中段，很久看一次的收藏用书置于高处，下方门板柜则可储存资料，把杂乱藏起来。

书柜的活动层板跨距不要超过60厘米，以免时间久了出现承重力不足的“微笑线”。如果一定要超过60厘米，则必须增加隔板厚度以加强支撑力，书柜才能达到收纳展示的实用性。

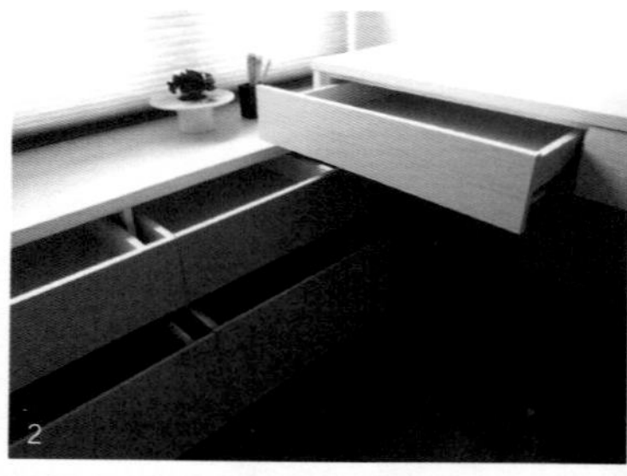

1 书桌的规划，也包括了线路的隐藏收纳。
2 书桌侧边的深抽可用来摆文件，书桌浅抽则用来收纳文具及琐碎的小物件。
3 层板、门板皆有的书柜可让好看的书外露，杂乱的就藏进门板柜里。

门板柜＋活动层板＋规格化文件盒

开放式书房最适合拥有大量展示出来整齐美观的书籍的房主，利用外观漂亮的书籍做为装饰，不但好看还能增加书卷气，展现空间品味。如果漂亮书籍没那么多，为了要完全和整体空间结合，书柜最好以门板柜为主，避免空间被过于复杂的书柜线条切割变得太琐碎。

当然，柜子所呈现的美感也需要注重，喜欢整齐秩序感，虽然层板可活动调整，最好每格都能维持水平线。喜欢变化，可借由高低、大小不同的收纳格组成。假使文件资料较多，想放在开放书房中，最好选择同规格、同色系的文件盒置于层板一字排开，分类清楚明了也显得整齐。

1 文件资料以规格化的资料盒陈列收纳，清楚又美观。（图片/宜家）
2 餐厅结合书柜，是最便利的组合。
3-1、3-2 沙发后方就是书房。有大量美观整齐的书籍，适合用开放式书房展示。

1

2

3-1

3-2

衣柜+掀床+吊柜+线路柜

常见的多功能书房可以分为结合客房与结合工作室两种。

书房结合客房：

首先评估空间大小以及作为客房的使用率。若频率高，可在靠墙处设计卧榻，坐垫下方收纳棉被、衣物，方便拿取；若频率偏低，可考虑搭配侧掀床，把棉被、衣物放在床下。

书房结合工作室：

工作室收纳的需求量与种类，会比一般书房更大，必须利用各式收纳柜分类清楚，例如5厘米厚度的浅柜放文件和纸张。以大量深浅抽屉、文件柜、吊柜为主的工作室，在个人工作桌周围的抽屉和吊柜是个人资料区，中间所设的分隔柜体就属于公共资料。吊柜下方与抽屉柜间做出中空台面，适合放电脑周边设备。至于线路，设备种类多，可在书桌下特制透气孔浅柜，专门收纳线路，也便于管理和维修。

1 双排书桌适合人数较多的工作室型书房，可增加文件盒容纳更多资料。
2 利用墙面设置吊柜，增加个人文件收纳区。

（场地/昌庭）

. 重装收纳 .

卧室

1 可将各人喜好考虑进来。
2-1、2-2 一字型衣柜可在侧边追加收纳区。

卧室——别让衣物变成吃床怪兽

依面积大小，定位衣柜与更衣室

卧室是让人能休息、睡眠的地方，房间本身不用太大，但收纳功能一定要强大，不然一不小心就被衣物和个人物品淹没。更严重一点可能还得“接收”从公共空间而来的杂物，最后变成一个堆成一团的“仓库”。

衣柜和更衣室是卧室最主要的两个收纳空间，基本上，165平方米以上的居家空间较适合规划更衣室，卧房要有30平方米大才能容纳一个功能齐全的更衣室。换句话说，小面积并不建议规划更衣室，因为当空间被切割后，会显得更窄小。

具体来说，衣柜与更衣室的安排规划，要以卧室面积作为依据：

7 ~ 10平方米小卧室，足量收纳

对于7 ~ 10平方米使用空间的卧室来说，因为空间狭小，卧室只能有一面衣柜，如果为了收纳而在两面墙壁都制作衣柜，整个房间会变得又挤又小又压迫。因此，为了兼顾空间和实用性，只能在床铺的对面或右侧，也就是和入口同侧处，规划一排深度约60厘米、内部以吊杆为主的高柜。另外，可再搭配五斗柜或掀床合并使用，以增加收纳空间。

13 ~ 16平方米中型卧室，柜子规划宜深浅互用

主卧若有13 ~ 16平方米，规划两排衣柜就不会显得空间太挤了。这两排高柜可以安排在床铺对面和右侧（入口处），以一排深柜搭配一排浅柜或矮柜为主，如果是夫妻俩，可分成男女主人柜，如果是单身，一柜可用来收纳换季衣物。除了衣柜，窗边或入口侧高柜旁还可以再添购适合摆放衣物、高度不超过120厘米的抽屉型矮柜，或用来收纳包的层板柜，解决卧室收纳空间不足的问题。

26平方米以上大卧室，更衣室是王道

目前常见的更衣室大多规划于卧室房间中，有的有门，让它自成一格，有的则是开放式设计与卧房融为一体。更衣室有无门会影响衣柜的设计：

· **无门：**属于独立更衣室，衣柜可以不需要门，一目了然、拿取方便，也省掉开关柜门的麻烦，只要关上门就能避免杂乱外露。

· **有门：**具有完整的区域与空间，但每个柜体仍需要装设门板，才能防止外来的灰尘，且能避免直接看到柜内衣物，维持房间内的整齐、美观。

但如果更衣室靠近卧室卫浴，衣柜一定要有门，才能防止湿气侵袭，保持衣物的干燥。此外，因不影响房间视觉，更衣室的柜高较无限制，柜子高度可做到与天花板贴齐。此外，柜体的深度设定为60厘米，里面可大量装设吊杆，让大衣、洋装都能直接吊挂收纳，清楚易取。

MUST KNOW

衣柜的4个好用概念

Point

1 男女衣柜分开规划

由于男女的衣物类型和尺寸不同，衣柜要满足两人的衬衫、长裤、洋装、大衣等需求，有时只能折中处理，无法100%适用。因此最好能将男女衣柜分开置于两区，同时更衣也不影响。若空间有限，可以衣柜门区分，内部设计再照男女衣物调配即可。

Point

2 吊挂衣物易取放，最适收纳厚重衣物

衣物是卧室数量最多的物品，虽然衣柜里有层板、抽屉，但当卧室面积不大、衣柜空间不足时，柜内可以吊杆为主，特别是厚重衣物，让衣物所占空间最小的吊挂方式收纳，同时取放顺手，一目了然。此外，收纳下方空间还能再摆放收纳箱或其他物品，提升储物量。

Point

3

棉质衣物多，抽屉就要多

像T恤、内衣、袜子等棉质衣物不适合吊挂，就以折叠为主，建议可添购现成的收纳抽屉，摆放在吊挂区下方或层板上，可随意调整位置、看起来整齐美观；也可利用现成的家具，如五斗柜或抽屉矮柜，作为卧室收纳的好帮手。

Point

4

功能五金，收物省力省空间

衣柜里的功能分隔可以简化如吊杆、层板，也可以拓展功能，只要善用五金，就可以创造出不同的可能性。例如，置放折叠衣物的拉篮、升降式吊衣杆方便取衣、或在L型衣柜的转角，规划五金旋转篮，甚至将烫衣板做成拉抽式，通过不同的五金配件，创造衣柜最大的收纳效益。

3种衣柜组合，收纳需求大不同

1 以化妆桌或小五斗柜取代床头柜，兼顾置物功能且保持过道空间。
2 上下柜辅助一字型衣柜，避免整面做满造成的压迫感。

一字型衣柜

一字型衣柜内部以吊杆为主，下方可用抽屉矮柜，或是旁边再规划上下柜来辅助，置放折叠类或换季衣物。亦可选择适合的现成活动抽屉矮柜搭配，高度不会造成压迫。上下柜以上层板、下抽屉和放生活物品的中空平台组合而成，只需30～40厘米厚，就能避免卧室空间过于狭窄的问题。

利用家具本身制造收纳空间，上掀床和床头柜也是常见的方式，放置较少拿的换季衣物或是大型棉被枕头。但如果床尾过道宽度会被压缩，建议在床旁边摆放化妆桌取代床头柜置物功能。

双墙式两侧柜

一般来说，一个衣柜的左右宽度是120厘米，若长度无法再设一组衣柜并列，可另加设一个宽度只需60厘米、吊挂长大衣的柜体，并用下方空间设置两三个深浅搭配的抽屉，浅抽适合放袜子之类的轻薄衣物，深抽就适合放比较蓬松的毛衣。

另一墙柜体，则以抽屉、层板、吊柜互相搭配组合，层板适合放毛衣、牛仔裤等折叠衣物，吊柜可将杂物、较挺的包也可一并收纳。由于吊挂衣柜需要60厘米的深度，而以层板抽屉为主的柜则深度约40厘米即可，依空间情况配置于两侧。

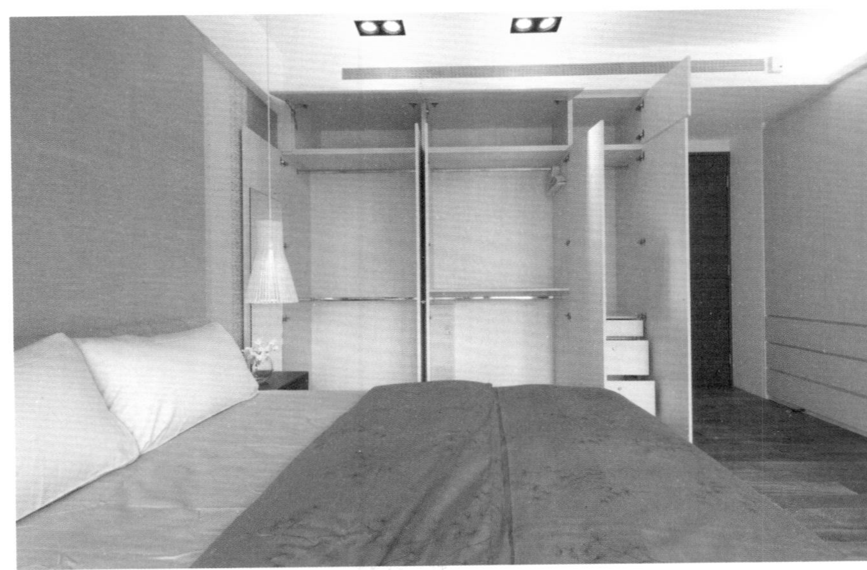

双墙式两侧柜，搭配组合出适合使用习惯的收纳形式。

独立更衣室

一间独立更衣室需要7 ~ 10平方米，视空间形状与内部规划可分成ㄇ型与中岛更衣室：

ㄇ型：7平方米就能做出一间独立更衣室，适合长形空间。注意过道必须留至少75厘米才方便开门拿取衣物。通常以吊挂、层板为主，再搭配卧室内的抽屉柜收纳。

中岛型：需要10平方米以上的方形空间。中间收纳展示台面，以玻璃展示饰品，一目了然，下方双面抽屉，专收外出皮带、领带等小型配件。周围更能以多元收纳形式互相搭配，多装抽屉以便收纳。另外规划开放角落，吊挂穿过的衣物。

1-1

2

1-2

3

1-1、1-2 中岛型更衣室收纳形式充足，分类清楚，另可规划开放式吊挂穿过的衣物。

2 只需7平方米，就能拥有ㄇ型更衣室，注意过道宽度要足够。

3 内部设置活动层板，依照衣物自由调整，门板挂上镜子就是穿衣镜。

（图片/宜家）

. 亲子收纳 .

儿童房

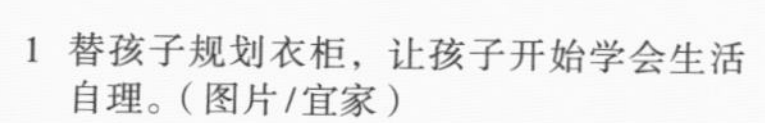

1 替孩子规划衣柜，让孩子开始学会生活自理。（图片/宜家）
2 小桌几也可以成为玩具抽屉。（图片/宜家）

儿童房——依孩子年龄规划收纳

从玩具柜到书柜，从小就学会把东西摆好！

很多父母心中都会有一些疑问："孩子还不敢自己睡觉，需要给他一间儿童房吗？""孩子平常都在客厅玩，儿童房空着的时间很多，不会很浪费空间吗？"这些问题的答案只有一个：不管房子大小，都要有一间儿童房，而且至少要7平方米！儿童房不只使整个居家空间更整齐美观，更能从小教导孩子正确的收纳观念，培养独立个性。给孩子专属空间，孩子会感到被尊重，日后将懂得如何尊重身边的人、事、物。

7平方米大的儿童房，只能容纳必需品，例如：常穿的衣服、常玩的玩具等，如果是小宝宝阶段，可以准备好冲泡奶粉的用具，其他物品必须分散至其他空间收纳；7平方米以上的儿童房，就可以摆放衣柜、玩具柜和小桌椅，让房间功能更齐全。

此外，孩子在6岁之前，需要父母大量陪伴，并提供随时可以互动的安全感，不妨以开放式设计取代密闭式空间，扩大儿童房的使用用途，就能解决空间闲置频率高的困扰了。

0～6岁，儿童房收玩具

0～6岁指的是学龄前的阶段，这时期的收纳主要以玩具为主，也是家长最头痛的事，常听到这样的抱怨："孩子把玩具散了一地，我要跟在后面收，还没收完，他又把其他玩具搬出来了！"这种"永远都收不完、收不干净"的烦恼，其实多半来自父母本身，因为对孩子的宠爱，玩具越买越多，再加上亲朋好友也会送玩具，以致造成收纳上的困扰，如果房间里只放刚刚好的玩具，并适时带着孩子一起收拾，教他们把玩具送回自己的"家"，儿童房就不会老是乱糟糟的了。

6～12岁，儿童房收文具与课本

6～12岁指的是学龄中期的阶段，这个时期的孩子进入小学上课，除了书本的数量开始增多，文具和学校里会用到的物品也变多，收纳型态有了大幅且明显的转变。同时，收纳物也会因为性别而有不同，小男孩会有篮球、足球等运动器材，小女孩则会有发圈、发箍等小饰品，所以儿童房的收纳规划也必须顺应孩子的变化进行调整，提供一个适合的环境给孩子，让他们自然而然学会顺手收纳。

MUST KNOW

儿童房收纳柜的4个好用概念

Point

1

以活动式为主，未来仍可重组使用

孩子的成长速度快，儿童房内的柜子或其他家具最好以可拆卸、好搬动的活动式为主，能随孩子的成长而调整位置和高度，或挑选能在日后改成父母可使用的家具，才不会随着孩子长大而废弃不用。

Point

2

衣柜下方，孩子可拿取的收纳区

由于身高限制，儿童房的衣柜主要以下方为收纳区，上方先以活动层板为主，日后依需求拆卸，换成吊杆。此外，小孩子的衣物类型与大人不同，大多以折叠为主，柜内的吊挂区不需要太多，约占60厘米宽摆放几件外套就够用，其余空间可配置抽屉、收纳格，做发饰、袜子、玩具的收纳区，方便小孩子自行拿取，也让他们逐渐养成收拾习惯。

Point

3

以盒篮收纳玩具，不用细整理

小孩子最多的东西就是玩具，不光是品项、种类繁多，尺寸、形状也不一致，属于很难收纳的物品，加上经常要被拿出来玩，不可能收拾好束之高阁，所以玩具柜最好以盒子或篮子为主，可以把积木、车子、球类玩具通通放进去，要玩的时候拉出盒子或篮子，好收又好放。

Point

4

柜的高度与配置，要考虑孩子的身高

玩具和童书是儿童房必备，是孩子几乎天天都会使用的物品，但其中一定会有某一些是最喜欢、最常用的。为了让他们方便拿取，这些常看的童书、常玩的玩具，应该放在玩具柜的下层，以孩子身高拿得到的地方为主。

2种儿童收纳柜型，收纳需求大不同

矮柜+抽篮+浅层板柜+吊篮

玩具是此时期最主要的收纳物品，以孩子伸手可及的高度——大约100厘米——分上下两部分，以下用矮柜搭配抽篮是最好收的组合，玩具可分大类放入抽篮，拉开就能拿到，收拾时只要放进篮子，非常方便。上方适合开放式浅层板柜，收纳兼展示孩子涂鸦、黏土作品，或是小车子、恐龙之类的玩具。也可利用墙面吊篮收纳绒毛娃娃类，如果孩子有过敏体质，不妨选择开洞式收纳法摆放绒毛娃娃，在柜门开圆孔，再加上透明亚克力板封孔即可。

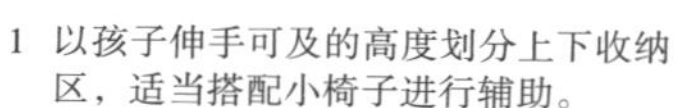

1 以孩子伸手可及的高度划分上下收纳区，适当搭配小椅子进行辅助。
2 上方的浅层板柜适合用来收纳兼展示玩具或手工作品。（图片/宜家）
3 墙面利用吊篮，方便收纳零碎的小玩具。

书桌＋活动层板柜＋衣柜＋小抽屉盒

收纳物品专以课本、文具为主，需要一张有抽屉的书桌，善用现成分格盒摆放各类文具。书桌旁可规划一个侧边柜作为书柜，由于童书规格多，活动层板书柜最实用；高处则可置放展示孩子的大作。建议在这个时期将衣柜规划进来，以下半部孩子方便自己拿为主，上方小孩够不到的空间用来放换季衣物。视孩子的物品种类，选用壁面装设造型活泼、鲜艳可爱的挂钩辅助，吊挂帽子、项链等小饰品；发饰类小物则可放小抽屉盒，不易散乱也容易拿取。

1 童书、课本规格尺寸不一，书柜选择活动层板好收纳，部分柜格采用门板设计，整体感觉较整齐。
2 书桌旁可规划侧边柜，方便收纳书籍。（图片/宜家）
3 壁面选可爱的挂钩，方便收纳帽子、外套。

CH4

设计师私房柜设计大公开

掌握重点，替自己定制一个好柜子

- **2/3鞋柜+1/3衣帽柜——**
  150厘米宽的鞋柜，2/3（宽100厘米）集中在左侧摆放鞋子，1/3（宽50厘米）提供右侧窄柜做多元变化。

- **衣鞋独立，做分区——**
  三组玄关柜以4片柜门为主，分区收纳尽可能隔绝鞋子的味道。

- **预留1格无柜门层架——**
  三组玄关柜皆预留一个无柜门的格层，主要功能在于摆放小器具，进门时可将身上的零钱、钥匙、手机等先卸下。

- **柜子离地——**
  柜子不做到地，预留柜脚，下方可以放外出的拖鞋（夹脚拖）方便穿脱。

鞋柜之外，多了杂物柜

尺　寸：宽150厘米，高240厘米，深35厘米
特　色：深度只有35厘米。右柜规划为公事包、外出包，以及小体积杂物的置放
纳鞋量：48双鞋+2双靴子

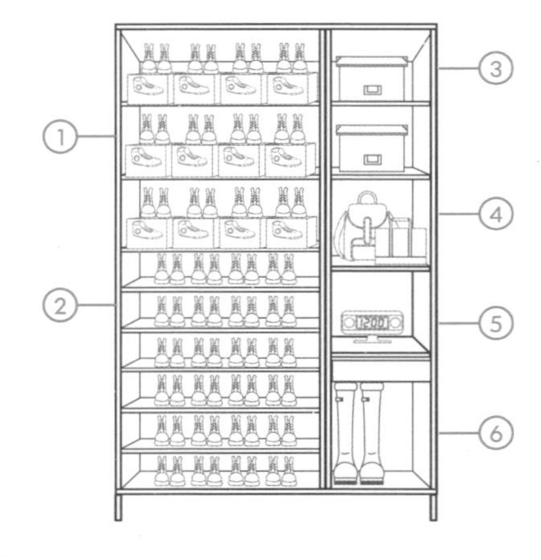

细部看：

1 挑高鞋架区（一层8双鞋）
2 一般鞋架区（一层4双鞋）
3 杂物盒装区
4 包区
5 零钱钥匙区（无门板，高40厘米）
6 长靴区（宽50厘米，高50厘米，深35厘米，可放两双）

B

鞋柜之外，多了电器柜

尺　寸：宽150厘米，高240厘米，深60厘米

特　色：深柜60厘米，适应吸尘器体积。右柜规划吸尘器置放空间，无门板格层位于左侧

纳鞋量：72双短筒鞋

细部看：

1 可拉式鞋架区（鞋+鞋盒收纳，一层16双鞋）
2 加宽零钱钥匙区（无门板、可放包）
3 可拉式鞋架区（一排4双鞋，前后两排后8双）
4 杂物盒装区
5 包区
6 吸尘器收纳区（宽50厘米，高120厘米，深60厘米）

C

鞋柜之外，多了衣物柜

尺　寸：宽150厘米，高240厘米，深60厘米

特　色：深柜60厘米，因应大衣肩宽。右柜规划大衣、包包、靴子置放空间。无门板格层位于左侧

纳鞋量：72双短筒鞋+4双靴子

细部看：

1 可拉式鞋架区（鞋+鞋盒收纳，一层16双鞋）
2 加宽零钱钥匙区（无门板、可放包）
3 可拉式鞋架区（一排4双鞋，前后两排后8双）
4 杂物盒装区
5 大衣吊挂区（宽50厘米，高105厘米，深60厘米）
6 薄抽区（高15厘米，可放账单）
7 长靴区（宽50厘米，高50厘米，深60厘米，抽拉层板可放4双）

餐柜

掌握重点，替自己定制一个好柜子

- **展示与收纳并重——**
  餐柜肩负收纳与展示的任务，但主要还是依杯盘数量的多寡，选择大面积展示或复合式收纳。

- **深度30厘米玻璃层架，展示用——**
  利用玻璃活动层板展示，展示格一般选择附玻璃门板避免灰尘，若时常拿取，则可用开放式。展示杯盘以30厘米深度为佳。

- **门板柜、抽屉柜，藏物用——**
  搭配门板柜与抽屉柜，协助餐厅其他物品的收纳。

- **小家电、零食也加入——**
  若希望餐柜同时也可以是小吧台，可做上下柜分隔，中间空出台面。若还希望有零食柜功能，可让出1/3直立空间做窄柜。

适合爱收集杯盘的人

尺　　寸：宽150厘米，高240厘米，深30厘米
特　　色：以展示为主，适合杯盘收藏多的房主
内部配置：仅上下设门板柜，中间为活动玻璃层板。上方放不常用的礼盒或备用餐盘组，底层一方面收纳杂物，一方面在视觉上不会让杯盘有碰到地的感觉

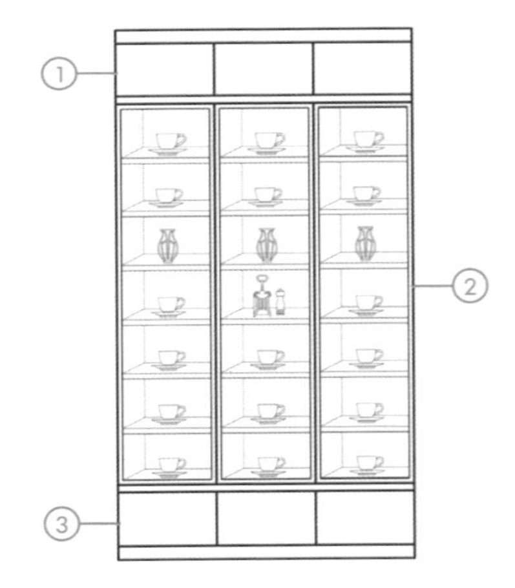

细部看：

1　上柜区（摆放收藏用的餐具、礼盒）
2　餐具展示区（活动式玻璃层板，有门板，宽50厘米，高50厘米）
3　下柜区（摆放备用的杯盘组、用餐小物）

B

适合喜欢自己煮咖啡的人

尺　　寸：宽150厘米，高240厘米，上柜深30厘米、下柜深45 ~ 50厘米

特　　色：适合收藏量适中、需要放小设备的家庭

功能配置：玻璃柜为12格，加入小家电台面，变为上下柜型式。下柜以收纳餐厅杂物为主，杯垫、餐巾纸等用品都能一并收好

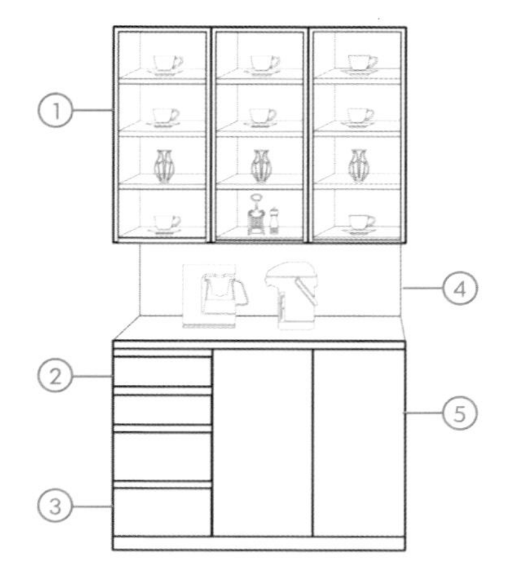

细部看：

1 餐具展示区（活动式玻璃层板，有门板，每格宽50厘米，高50厘米，深30厘米）

2 浅抽屉区（高18厘米，放餐巾纸、杯垫）

3 深抽屉区（高25厘米）

4 小家电区（预留高60厘米，摆放咖啡机、水壶等）

5 双门层柜区（深45 ~ 50厘米）

C

适合爱吃零食的人

尺　　寸：宽150厘米，高240厘米，深40厘米

特　　色：若收藏少、杂物多则适合用此柜型

功能配置：设置1/3的零食高柜。展示区、家电台面的空间减少，玻璃柜为8格。由于有零食柜，柜子整体深度增加为40厘米会比较方便

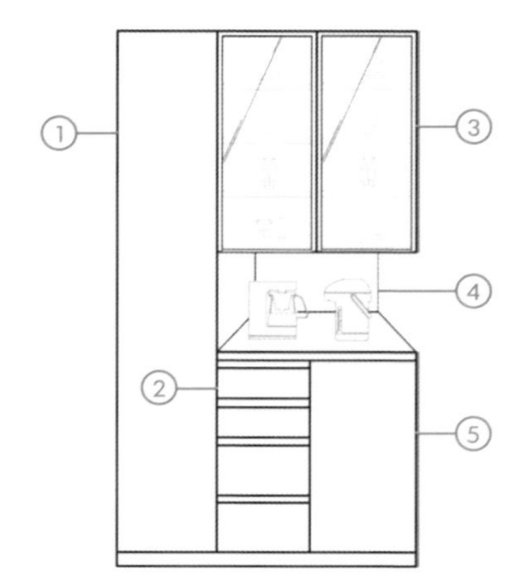

细部看：

1 零食区（深40厘米，内为活动层板，局部可收纳杂物）

2 抽屉区（2浅抽、2深抽，上放餐巾纸下放较大物品）

3 餐具展示区（活动式玻璃层板，有门板，每格宽50厘米，高50厘米，深40厘米）

4 小家电区（宽100厘米，高60厘米，摆放咖啡机、水壶等）

5 单门层柜区（深45 ~ 50厘米）

半高电视柜

掌握重点，替自己定制一个好柜子

- **150厘米半高柜最推荐——**
  半高电视柜不要超过150厘米高，特别是客厅与沙发跨距不大的空间，半高柜可提供适当收纳，同时维持客厅宽阔感。

- **隐藏式收纳比例要高——**
  以“藏多露少”为原则，除了书籍、装饰品和需要遥控感应的设备采用开放式层板，其余尽量以门板柜和抽屉隐藏收纳。

- **下抽屉不高过30厘米——**
  底层抽屉高度约30厘米。若做太高，会影响电视摆设高度，以及视觉的舒适度。

适合杂物较少、视听设备简单的房主

尺　　寸：宽270厘米，高150厘米，深30～40厘米

特　　色：杂物隐藏收纳、开放式书架

内部配置：上方门板柜收纳日常杂物或DVD，下方设抽屉，拉开即可一目了然。右侧半高柜则采用一半开放、一半隐藏的设计，可摆放装饰品及书籍

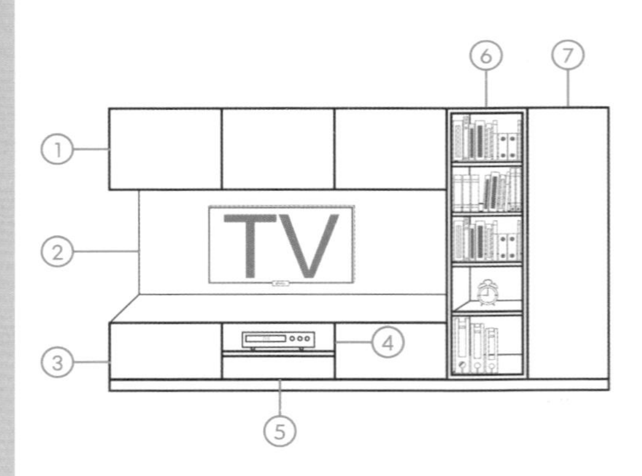

细部看：

1　杂物、DVD区（高40厘米）
2　电视区（放电视要预留80厘米高度）
3　底柜抽屉区（高30厘米，保持电视观看的视线水平）
4　视听设备区（高15厘米）
5　底柜浅抽屉区（高15厘米，放说明书等）
6　开放书籍区（平均每格高30厘米，层板可调距）
7　隐藏式层架区

适合书籍、视听设备略多的人

尺　　寸：宽270厘米，高150厘米，深30 ~ 40厘米

特　　色：双排纳书量、增加视听设备空间

内部配置：将上柜与电视区缩减，右侧增加一列书柜。下方抽屉改为开放式设备柜，左侧半高柜底层设抽屉，补充零碎物品的收纳空间

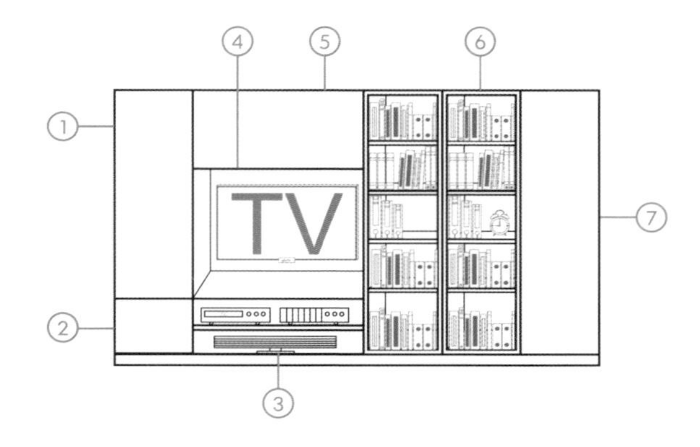

细部看：

1　杂物、文件区（宽45厘米）
2　底柜抽屉区（高30厘米）
3　开放式视听设备区（上、下各15厘米）
4　电视区（高80厘米，宽90厘米）
5　杂物、DVD区（高40厘米，宽90厘米）
6　开放书籍区（平均每格高30厘米，层板可调距）
7　隐藏式层架区

浴室面盆柜

适合物件不多的人

尺　　寸：宽120厘米，下柜高60厘米，深60厘米

特　　色：层板+面盆吊柜

功能配置：此柜型以挂镜、层板、下柜组成，最具简约美感

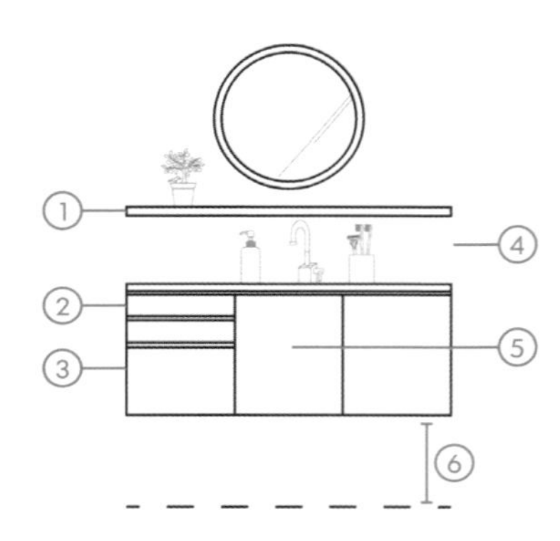

细部看：

1 层架区
2 浅抽屉区（高15厘米）
3 深抽屉区（高25厘米）
4 台面区（距离层架25厘米）
5 隐藏水管、清洁用品层架区（高60厘米）
6 悬空区（离地30厘米）

掌握重点，替自己定制一个好柜子

- **隐藏收纳防水汽——**
  主要收纳瓶瓶罐罐和卫浴空间用到的卫生用品，为了防止水汽，必须要有门板柜、抽屉、薄镜柜，也可摆放化妆品。

- **深浅抽屉便利收纳——**
  抽屉规划深浅柜，分别放置卫生纸或是棉花棒等不同大小的物品。

- **面盆柜高60厘米，离地30厘米——**
  悬吊式柜体高60厘米，离地30厘米，符合使用高度，同时防止地板的湿气，也方便摆放小凳子，让小朋友可以自己洗手。

- **台面到层板、镜子至少距离25厘米——**
  25厘米是台面到上方层板、镜柜较佳的距离，不会妨碍洗手，也方便拿取放在台面上的牙刷、洗面乳。

B

适合化妆品和小物件多的人

尺　　寸：宽120厘米，高210厘米，上柜深18厘米、下柜深60厘米

特　　色：薄镜柜+面盆吊柜

功能配置：利用薄镜柜增加收纳空间。镜柜是两片大小门对开，左侧增设一格透明香水柜，可以清楚看见陈列整齐又美观的瓶罐

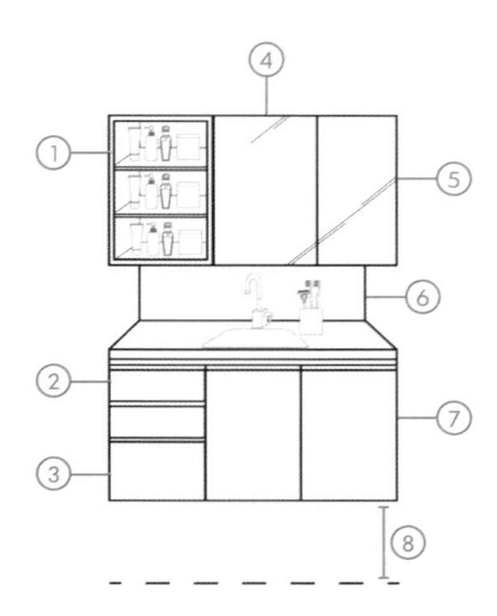

细部看：

1　玻璃门板展示区（深18厘米）
2　浅抽屉区（高15厘米）
3　深抽屉区（高25厘米）
4　镜柜A区（宽60厘米）
5　镜柜B区（宽30厘米）
6　台面区（距离上柜25厘米）
7　隐藏水管、清洁用品层架区（高60厘米）
8　悬空区（离地30厘米）

C

想把浴巾、毛巾也收进浴室的人

尺　　寸：宽120厘米，高210厘米，深55厘米

特　　色：毛巾柜+面盆吊柜

功能配置：牺牲一部分台面空间，可以将毛巾柜与浴柜结合在一起，大小毛巾都适合放。此时不建议再装设镜柜，会造成压迫，最好直接用挂镜

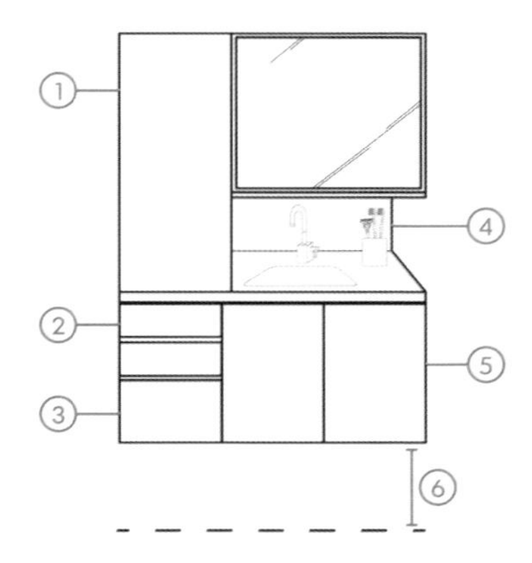

细部看：

1　毛巾、浴巾层架区（宽30厘米，高125厘米，深55厘米）
2　浅抽屉区（高15厘米）
3　深抽屉区（高25厘米）
4　台面区（距离上柜25厘米）
5　隐藏水管、清洁用品层架区（高60厘米）
6　悬空区（离地30厘米）

高书柜

掌握重点，替自己定制一个好柜子

- **书用展示架、文件用门板隐藏——**
  书柜的两大收纳项目是书籍与文件，书适合开放展示，故占大部分或是设在上柜，不甚美观的文件和杂物则用门板柜隐藏。完全展示容易感觉凌乱。

- **上下柜型，中空平台、抽屉不可少——**
  如果考虑放简单设备摆饰，规划出中空平台处，书柜做上下柜型式是不错的选择。下柜一部分设深浅抽屉，收纳大小物品。

- **书架厚度不低于2.5厘米，跨距不超过60厘米——**
  为了避免书的重量让层板变形，在层架的厚度和长度上都要注意，跨距不可超过60厘米，板材厚度则不低于2.5厘米。

适合大量书籍、文件少的房主

尺　　寸：宽150厘米，高240厘米，深35厘米
特　　色：比例以2/3露、1/3藏最美观
内部配置：主要放置书籍，深度35厘米就足够。常用的书放中段，上层放收藏用书。门板柜内可摆尺寸较不易统整、较不美观的书（如电脑书）与文件

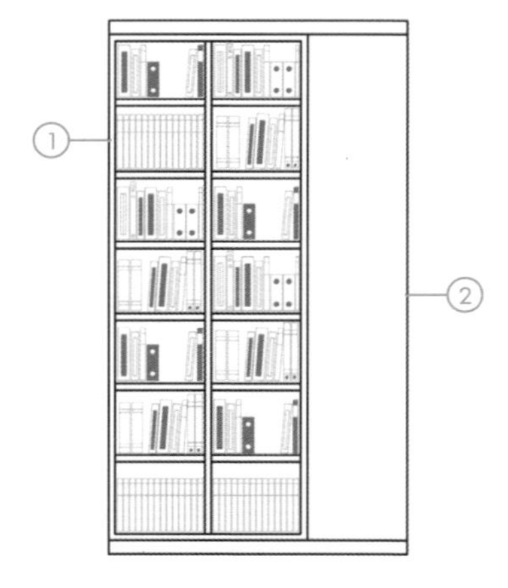

细部看：

1　开放式书架区（活动层板，可随书高度调整）
2　隐藏式层架区（宽50厘米）

B

适合书籍与文件各半的房主

尺　　寸：宽150厘米，高240厘米，上柜深30厘米、下柜深45厘米

特　　色：开放式上柜、中空平台，以及抽屉与隐藏层架下柜

功能配置：上柜展示书籍，台面可放电器设备。下柜收资料、杂物，1/3以抽屉辅助收纳其他物品

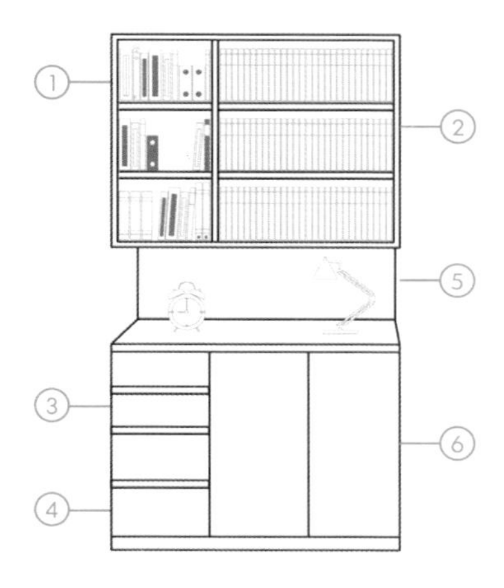

细部看：

1 窄书架上柜区（宽50厘米，深30厘米）
2 宽书架上柜区（宽100厘米，深30厘米）
3 浅抽下柜区（高18厘米，深45厘米）
4 深抽下柜区（高25厘米，深45厘米）
5 中空平台区（高50厘米）
6 隐藏式层架下柜区（深45厘米）

C

适合做书柜也收周边物品的房主

尺　　寸：宽150厘米，高240厘米，深35厘米

特　　色：开放式上柜、中空平台、抽屉式下柜，再结合直立资料柜

功能配置：上柜展示书籍，8个抽屉下柜可收纳更多周边空间物品，直立式门板柜，可同时收纳文件、书籍与杂物

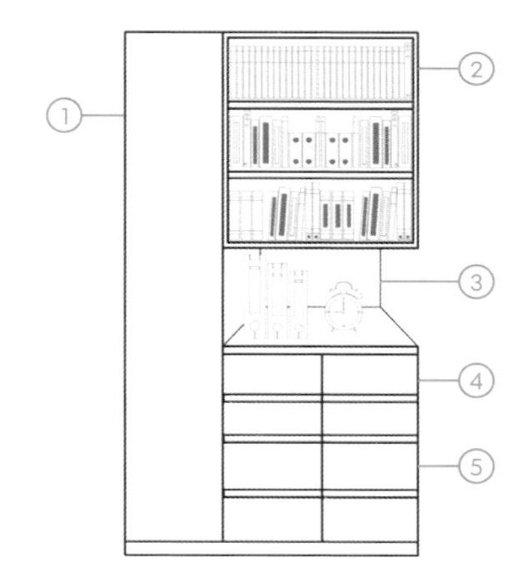

细部看：

1 隐藏式层架区
2 开放式书架区（每层高35厘米）
3 中空平台区（高50厘米）
4 浅抽下柜区（高18厘米，深35厘米）
5 深抽下柜区（高25厘米，深35厘米）

衣柜

掌握重点，替自己定制一个好柜子

- **吊杆和抽屉，依照身高调整——**
  衣柜内部配有吊杆、抽屉、折叠衣物的层板、抽篮、五金拉篮。依照小孩、老人、成人身高不同，决定吊杆和抽屉的高度，老人与小孩适用抽屉及矮吊杆。

- **吊挂空间依衣物长度而不同——**
  一般吊挂需要120厘米高，这样才能吊长大衣，裤子则需80厘米高；小孩子的吊挂衣物大约留60厘米高。

适用于学龄前儿童

尺　　寸：宽150厘米，高240厘米，深60厘米
使用范围：以身高90厘米的儿童来说，使用范围在120厘米以内
收纳配置：120厘米以下要设有吊杆和抽屉、拉篮可放袜子及小衣物；120厘米以上则另外以层板、吊杆收纳换季衣物，由父母亲帮忙

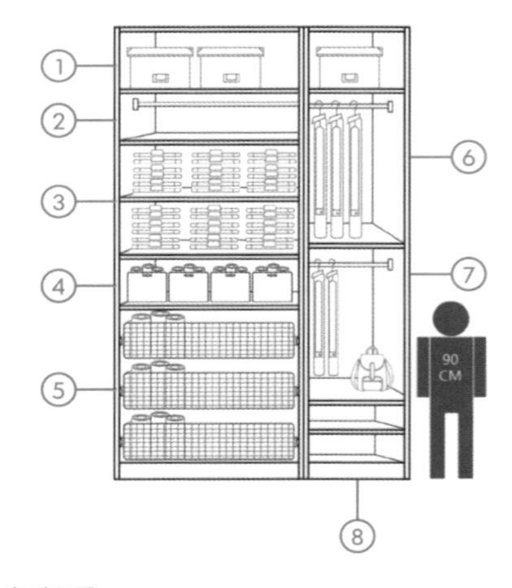

细部看：

1 棉被、收藏物区
2 吊杆预留区（层板拆除便可成为吊挂区）
3 换季衣物层板区
4 抽篮、收纳盒区
5 五金拉篮、抽屉区（拉篮高20厘米）
6 换季衣物吊挂区
7 当季衣物吊挂区（吊杆高度120厘米）
8 活动层板区

B

适用于老年人

尺　　寸：宽150厘米，高240厘米，深60厘米

使用范围：以老年人平均身高，女性约150 ~ 160厘米，男性约160 ~ 170厘米，不方便蹲下或是踮脚，故使用范围在30 ~ 150厘米

收纳配置：抽屉要设在离地30 ~ 100厘米之间，拉开才看得到抽屉内的东西；吊杆则不能超过150厘米。30厘米以下或150厘米之上的范围，就是属于换季衣物，需要家人帮忙

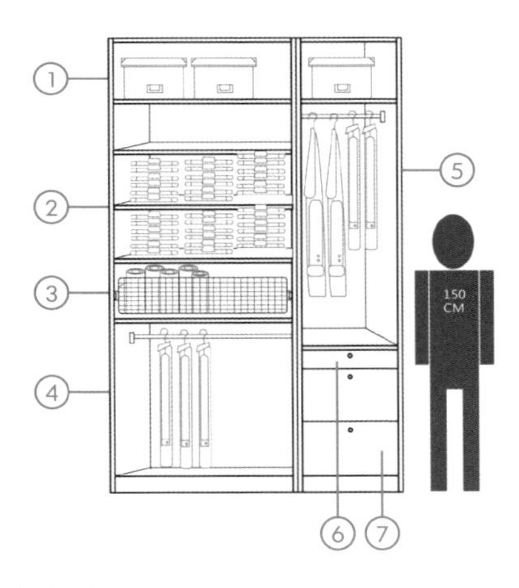

细部看：

1　棉被、收藏物区
2　换季衣物层板区（150厘米以上空间）
3　五金拉篮、抽屉区（拉篮高20厘米）
4　一般衣物吊挂区（高度80厘米）
5　换季衣物吊挂区
6　浅抽屉区（高18厘米）
7　深抽屉区（最下柜高度30厘米以下放不常用衣物）

C

适用于一般成年人

尺　　寸：宽150厘米，高240厘米，深60厘米

使用范围：一般成年人高度较无限制，以伸手可及区分

收纳配置：衣柜以吊挂为主，配合一小部分深浅抽，放置折叠、贴身衣物或袜子。难以拿到的上层放换季衣物

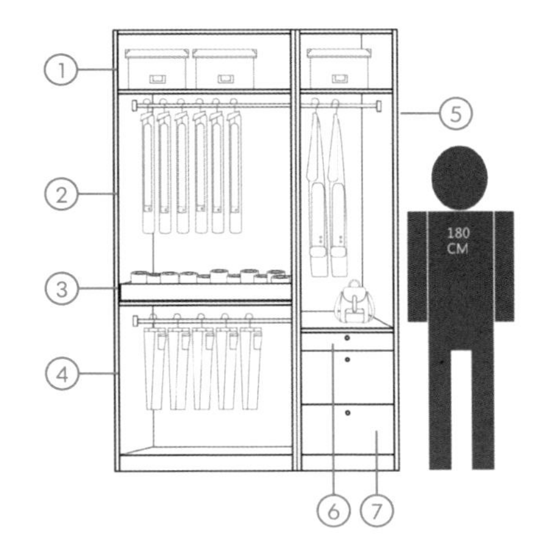

细部看：

1　棉被、收藏物区
2　一般衣物吊挂区
3　浅抽屉区
4　长裤吊挂区（高度80厘米）
5　长大衣、洋装吊挂区（高度120 ~ 140厘米）
6　浅抽屉区（高18厘米，适合袜子）
7　深抽屉区（高25厘米，适合毛衣）